全国中小学图书馆(室)推荐图书 教育部基础教育课程教材发展中心

青少年科技创新丛书

机器人创新设计

——基于慧鱼创意组合模型的机器人制作

景维华 曹双 著

清华大学出版社
北京

内 容 简 介

本书以慧鱼创意组合模型作为教学基础，介绍了机器人的结构、控制系统和设计方法。书中引用了大量实例，利于激发爱好者的学习热情。学习本书后，学习者将对机器人技术有较深的理解，并能亲手制作具有一定功能的机器人。

考虑学生在学习计划上的差异，本书提供了多样的扩展阅读和练习，有兴趣的同学可安排课余时间学习。

本书适用于高中通用技术课程（机器人模块），也可作为各学校、校外活动机构开展机器人教学的参考书籍。

图书在版编目（CIP）数据

机器人创新设计：基于慧鱼创意组合模型的机器人制作/景维华，曹双著. —北京：清华大学出版社，2014(2024.1 重印)

（青少年科技创新丛书）

ISBN 978-7-302-36345-3

Ⅰ. ①机… Ⅱ. ①景… ②曹… Ⅲ. ①模块式机器人—设计 ②模块式机器人—制作 Ⅳ. ①TP242

中国版本图书馆 CIP 数据核字(2014)第 085371 号

责任编辑：帅志清
封面设计：刘 莹
责任校对：刘 静
责任印制：沈 露

出版发行：清华大学出版社
网　　址：https://www.tup.com.cn，https://www.wqxuetang.com
地　　址：北京清华大学学研大厦 A 座　　**邮　　编**：100084
社 总 机：010-83470000　　**邮　　购**：010-62786544
投稿与读者服务：010-62776969，c-service@tup.tsinghua.edu.cn
质量反馈：010-62772015，zhiliang@tup.tsinghua.edu.cn
印 装 者：涿州汇美亿浓印刷有限公司
经　　销：全国新华书店
开　　本：185mm×260mm　　**印　　张**：11.25　　**字　　数**：250 千字
（附光盘 1 张）
版　　次：2014 年 7 月第 1 版　　**印　　次**：2024 年 1月第 12 次印刷
定　　价：62.00 元

产品编号：058249-01

《青少年科技创新丛书》
编　委　会

序　（1）

吹响信息科学技术基础教育改革的号角

（一）

信息科学技术是信息时代的标志性科学技术。信息科学技术在社会各个活动领域广泛而深入的应用，就是人们所熟知的信息化。信息化是 21 世纪最为重要的时代特征。作为信息时代的必然要求，它的经济、政治、文化、民生和安全都要接受信息化的洗礼。因此，生活在信息时代的人们应当具备信息科学的基本知识和应用信息技术的能力。

理论和实践表明，信息时代是一个优胜劣汰、激烈竞争的时代。谁先掌握了信息科学技术，谁就可能在激烈的竞争中赢得制胜的先机。因此，对于一个国家来说，信息科学技术教育的成败优劣，就成为关系国家兴衰和民族存亡的根本所在。

同其他学科的教育一样，信息科学技术的教育也包含基础教育和高等教育两个相互联系、相互作用、相辅相成的阶段。少年强则国强，少年智则国智。因此，信息科学技术的基础教育不仅具有基础性意义，而且具有全局性意义。

（二）

为了搞好信息科学技术的基础教育，首先需要明确：什么是信息科学技术？信息科学技术在整个科学技术体系中处于什么地位？在此基础上，明确：什么是基础教育阶段应当掌握的信息科学技术？

众所周知，人类一切活动的目的归根结底就是要通过认识世界和改造世界，不断地改善自身的生存环境和发展条件。为了认识世界，就必须获得世界（具体表现为外部世界存在的各种事物和问题）的信息，并把这些信息通过处理提炼成为相应的知识；为了改造世界（表现为变革各种具体的事物和解决各种具体的问题），就必须根据改善生存环境和发展条件的目的，利用所获得的信息和知识，制定能够解决问题的策略并把策略转换为可以实践的行为，通过行为解决问题、达到目的。

可见，在人类认识世界和改造世界的活动中，不断改善人类生存环境和发展条件这个目的是根本的出发点与归宿，获得信息是实现这个目的的基础和前提，处理信息、提炼知识和制定策略是实现目的的关键与核心，而把策略转换成行为则是解决问题、实现目的的最终手段。不难明白，认识世界所需要的知识、改造世界所需要的策略以及执行策略的行为是由信息加工分别提炼出来的产物。于是，确定目的、获得信息、处理信息、提炼知识、制定策略、执行策略、解决问题、实现目的，就自然地成为信息科学技术的基本任务。

这样，信息科学技术的基本内涵就应当包括：①信息的概念和理论；②信息的地位和作用，包括信息资源与物质资源的关系以及信息资源与人类社会的关系；③信息运动的基本规律与原理，包括获得信息、传递信息、处理信息、提炼知识、制定策略、生成行为、解决问题、实现目的的规律和原理；④利用上述规律构造认识世界和改造世界所需要的各种信息工具的原理和方法；⑤信息科学技术特有的方法论。

鉴于信息科学技术在人类认识世界和改造世界活动中所扮演的主导角色，同时鉴于信息资源在人类认识世界和改造世界活动中所处的基础地位，信息科学技术在整个科学技术体系中显然应当处于主导与基础双重地位。信息科学技术与物质科学技术的关系，可以表现为信息科学工具与物质科学工具之间的关系：一方面，信息科学工具与物质科学工具同样都是人类认识世界和改造世界的基本工具；另一方面，信息科学工具又驾驭物质科学工具。

参照信息科学技术的基本内涵，信息科学技术基础教育的内容可以归结为：①信息的基本概念；②信息的基本作用；③信息运动规律的基本概念和可能的实现方法；④构造各种简单信息工具的可能方法；⑤信息工具在日常活动中的典型应用。

（三）

与信息科学技术基础教育内容同样重要甚至更为重要的问题是要研究：怎样才能使中小学生真正喜爱并能够掌握基础信息科学技术？其实，这就是如何认识和实践信息科学技术基础教育的基本规律的问题。

信息科学技术基础教育的基本规律有很丰富的内容，其中有两个重要问题：一是如何理解中小学生的一般认知规律，二是如何理解信息科学技术知识特有的认知规律和相应能力的形成规律。

在人类（包括中小学生）一般的认知规律中，有两个普遍的共识：一是“兴趣决定取舍”，二是“方法决定成败”。前者表明，一个人如果对某种活动有了浓厚的兴趣和好奇心，就会主动、积极地探寻奥秘；如果没有兴趣，就会放弃或者消极应付。后者表明，即使有了浓厚的兴趣，如果方法不恰当，最终也会导致失败。所以，为了成功地培育人才，激发浓厚的兴趣和启示良好的方法都非常重要。

小学教育处于由学前的非正规、非系统教育转为正规的系统教育的阶段，原则上属于启蒙教育。在这个阶段，调动兴趣和激发好奇心理更加重要。中学教育的基本要求同样是要不断调动学生的学习兴趣和激发他们的好奇心理，但是这一阶段越来越重要的任务是要培养他们的科学思维方法。

与物质科学技术学科相比，信息科学技术学科的特点是比较抽象、比较新颖。因此，信息科学技术的基础教育还要特别重视人类认识活动的另一个重要规律：人们的认识过程通常是由个别上升到一般，由直观上升到抽象，由简单上升到复杂。所以，从个别的、简单的、直观的学习内容开始，经过量变到质变的飞跃和升华，才能掌握一般的、抽象的、复杂的学习内容。其中，亲身实践是实现由直观到抽象过程的良好途径。

综合以上几方面的认知规律，小学的教育应当从个别的、简单的、直观的、实际的、有趣的学习内容开始，循序渐进，由此及彼，由表及里，由浅入深，边做边学，由低年级到高年级，由小学到中学，由初中到高中，逐步向一般的、抽象的、复杂的学习内容过渡。

（四）

我们欣喜地看到，在信息化需求的推动下，信息科学技术的基础教育已在我国众多的中小学校试行多年。感谢全国各中小学校的领导和教师的重视，特别感谢广大一线教师们坚持不懈的努力，克服了各种困难，展开了积极的探索，使我国信息科学技术的基础教育在摸索中不断前进，取得了不少可喜的成绩。

由于信息科学技术本身还在迅速发展，人们对它的认识在不断深化。由于“重书本”、“重灌输”等传统教育思想和教学方法的影响，学生学习的主动性、积极性尚未得到充分发挥，加上部分学校的教学师资、教学设施和条件还不够充足，教学效果尚不能令人满意。总之，我国信息科学技术基础教育存在不少问题，亟须研究和解决。

针对这种情况，在教育部基础司的领导下，我国从事信息科学技术基础教育与研究的广大教育工作者正在积极探索解决这些问题的有效途径。与此同时，北京、上海、广东、浙江等省市的部分教师也在自下而上地联合起来，共同交流和梳理信息科学技术基础教育的知识体系与知识要点，编写新的教材。所有这些努力，都取得了积极的进展。

《青少年科技创新丛书》是这些努力的一个组成部分，也是这些努力的一个代表性成果。丛书的作者们是一批来自国内外大中学校的教师和教育产品创作者，他们怀着“让学生获得最好教育”的美好理想，本着“实践出兴趣，实践出真知，实践出才干”的清晰信念，利用国内外最新的信息科技资源和工具，精心编撰了这套重在培养学生动手能力与创新技能的丛书，希望为我国信息科学技术基础教育提供可资选用的教材和参考书，同时也为学生的科技活动提供可用的资源、工具和方法，以期激励学生学习信息科学技术的兴趣，启发他们创新的灵感。这套丛书突出体现了让学生动手和“做中学”的教学特点，而且大部分内容都是作者们所在学校开发的课程，经过了教学实践的检验，具有良好的效果。其中，也有引进的国外优秀课程，可以让学生直接接触世界先进的教育资源。

笔者看到，这套丛书给我国信息科学技术基础教育吹进了一股清风，开创了新的思路和风格。但愿这套丛书的出版成为一个号角，希望在它的鼓动下，有更多的志士仁人关注我国的信息科学技术基础教育的改革，提供更多优秀的作品和教学参考书，开创百花齐放、异彩纷呈的局面，为提高我国的信息科学技术基础教育水平作出更多、更好的贡献。

钟义信

2013 年冬于北京

序　（2）

探索的动力来自对所学内容的兴趣，这是古今中外之共识。正如爱因斯坦所说：一个贪婪的狮子，如果被人们强迫不断进食，也会失去对食物贪婪的本性。学习本应源于天性，而不是强迫地灌输。但是，当我们环顾目前教育的现状，却深感沮丧与悲哀：学生太累，压力太大，以至于使他们失去了对周围探索的兴趣。在很多学生的眼中，已经看不到对学习的渴望，他们无法享受学习带来的乐趣。

在传统的教育方式下，通常由教师设计各种实验让学生进行验证，这种方式与科学发现的过程相违背。那种从概念、公式、定理以及脱离实际的抽象符号中学习的过程，极易导致学生机械地记忆科学知识，不利于培养学生的科学兴趣、科学精神、科学技能，以及运用科学知识解决实际问题的能力，不能满足学生自身发展的需要和社会发展对创新人才的需求。

美国教育家杜威指出：成年人的认识成果是儿童学习的终点。儿童学习的起点是经验，“学与做相结合的教育将会取代传授他人学问的被动的教育”。如何开发学生潜在的创造力，使他们对世界充满好奇心，充满探索的愿望，是每一位教师都应该思考的问题，也是教育可以获得成功的关键。令人感到欣慰的是，新技术的发展使这一切成为可能。如今，我们正处在科技日新月异的时代，新产品、新技术不仅改变我们的生活，而且让我们的视野与前人迥然不同。我们可以有更多的途径接触新的信息、新的材料，同时在工作中也易于获得新的工具和方法，这正是当今时代有别于其他时代的特征。

当今时代，学生获得新知识的来源已经不再局限于书本，他们每天面对大量的信息，这些信息可以来自网络，也可以来自生活的各个方面，如手机、iPad、智能玩具等。新材料、新工具和新技术已经渗透到学生的生活之中，这也为教育提供了新的机遇与挑战。

将新的材料、工具和方法介绍给学生，不仅可以改变传统的教育内容与教育方式，而且将为学生提供一个实现创新梦想的舞台，教师在教学中可以更好地观察和了解学生的爱好、个性特点，更好地引导他们，更深入地挖掘他们的潜力，使他们具有更为广阔的视野、能力和责任。

本套丛书的作者大多是来自著名大学、著名中学的教师和教育产品的科研人员，他们在多年的实践中积累了丰富的经验，并在教学中形成了相关的课程，共同的理想让我们走到了一起，“让学生获得最好的教育”是我们共同的愿望。

本套丛书可以作为各校选修课程或必修课程的教材，同时也希望借此为学生提供一些科技创新的材料、工具和方法，让学生通过本套丛书获得对科技的兴趣，产生创新与发明的动力。

丛书编委会

2013 年 10 月 8 日

前　言

机器人技术是一门综合性很强的学科，涉及机械、电子、气动和控制技术等多学科知识，是 STEM（Science Technology Engineering Mathematics）教育和创新教育的最佳实践平台。近些年，机器人教育已成为我国大部分中小学信息技术课程，在培养学生的创新能力和科学素养方面展现了它独有的特点，越来越被学校、家长及社会认可和推崇。慧鱼模型融入机器人技术的相关知识，降低了机器人技术的门槛，在机器人创新教育方面取得了显著成绩。本书以慧鱼模型为基础，希望帮助青少年爱好者踏入机器人创新制作的大门，培养青少年对科学与工程学科的兴趣，发掘青少年的创新潜能。

全书共 6 章，包括机器人介绍、机器人结构设计、机器人驱动装置、机器人控制系统、机器人编程设计和机器人创新设计。在知识内容的选择上，本书主要集中在机械结构设计和控制编程两个方面，在涉及其他相关知识时，才对必要的知识进行讲授。

本书立足于机器人理论知识和实际应用的恰当结合，强调工程实际应用，以生动典型的实例为主线，把理论与实践有机地结合起来，充分发掘学生的创新潜能，提高学生解决问题的综合能力。本书可以作为青少年的自学教材，也可作为各学校、校外活动机构开展机器人教学的参考书籍。

本书由景维华、曹双编写，参加本书编写工作的还有程旭、程力、张绍辉、王春鹏。由于编者水平有限，书中难免存在疏漏和不当之处，恳请广大读者批评指正。

编　者

2013 年 12 月

目　　录

第 1 章　机器人介绍

1.1　机器人概述

机器人(Robot)是自动执行工作的机器装置。它既可以接受人类指挥,可以运行预先编排的程序,也可以根据以人工智能技术制定的原则行动。它的任务是协助或取代人类的工作,如生产业、建筑业或是危险环境的工作。机器人技术涉及机械电子、计算机、数学、物理、材料和仿生学等多学科知识,代表一个国家的科技发展水平。图 1-1 是日本本田公司研制的仿人机器人——ASIMO。

图 1-1　本田公司的 ASIMO 机器人

国际上对机器人的概念已经逐渐趋于一致,联合国标准化组织采纳了美国机器人协会给机器人下的定义:"一种可编程和多功能的操作机;或是为了执行不同的任务而具有可用计算机改变和可编程动作的专门系统。"

1.1.1　机器人的历史

1910 年,捷克斯洛伐克作家卡雷尔·恰佩克在他的科幻小说中根据 Robota(捷克文,原意为"劳役、苦工")和 Robotnik(波兰文,原意为"工人"),创造出 Robot(机器人)这个词。经过近百年的发展,机器人已应用到生产生活的各个领域,给人类生活带来了诸多便利。智能型机器人是最复杂的机器人,也是人类最渴望能够早日制造出来的机器朋友。然而要制造出一台智能机器人并不容易,仅仅是让机器模拟人类的行走动作,科学家们就要付出数十甚至上百年的努力。

1.1.2　机器人的分类

机器的种类繁多,构造、用途和性能也各不相同。在日常生活中,我们见到过和接触过许多机械，从家庭用的冰箱、洗衣机到工业部门使用的各种专用机床，从汽车、推土机到工业机器人和机械手等。

中国的机器人专家从应用环境出发，将机器人分为两大类，即工业机器人和特种机器人。工业机器人就是面向工业领域的多关节机械手或多自由度机器人；而特种机器人则是除工业机器人之外的、用于非制造业并服务于人类的各种先进机器人，包括服务机器人、水下机器人、娱乐机器人、军用机器人、农业机器人和机器人化机器等。在特种机器人中，有些分支发展很快，有独立成体系的趋势，如服务机器人、水下机器人、军用机器人和微操作机器人。国际上的机器人学者，从应用环境出发也将机器人分为两类，即制造环境下的工业机器人和非制造环境下的服务与仿人型机器人，这和中国的分类是一致的。

1.1.3 机器人的特点

机器人是机构学、控制论、电子技术及计算机等现代科学综合的产物，具有通用性和适应性的特点。

(1) 通用性：执行不同的功能和完成多样的简单任务的实际能力。

(2) 适应性：对环境的自适应能力，包括运用传感器感测环境和自我姿态的能力、分析任务空间和执行操作规划的能力。

1.1.4 机器人的发展

机器人是20世纪人类最伟大的发明之一，如今机器人应用面越来越宽，已经由工业应用扩展到更多领域的非工业应用，如军事、医疗、服务和娱乐等方面，还有空间机器人、潜海机器人等。同时，机器人的种类越来越多，像进入人体的微型机器人，可以小到像一个米粒般大小。机器人智能化也得到加强，机器人会更加聪明。

1.1.5 实践与思考

(1) 请同学们查阅机器人的有关知识，并完成表1-1。

表1-1 **生活中的机器人**

应用领域	名　称	功能描述
家用		
军用		
医疗		
娱乐		
其他		

(2) 请同学们围绕“未来机器人”的主题展开讨论(见图1-2)。

图 1-2　未来机器人

1.2　机器人的结构

机器人的外形不仅限于人的形状，如自动化小车、工业流水线上的装配机械手、室内温控系统、烘手器、自动门都可以称为机器人。机器人一般由控制系统、检测装置、执行系统和驱动装置组成，本书将以慧鱼机器人为例说明各部分的功能。

1.2.1　控制系统

ROBO TX 控制器是机器人的控制系统，实现计算机和模型之间的通信，它可以接收传感器获得的信号，进行软件的逻辑运算；同时可以将软件的指令传输给机器人，控制机器人的运动，ROBO TX 控制器外形如图 1-3 所示。

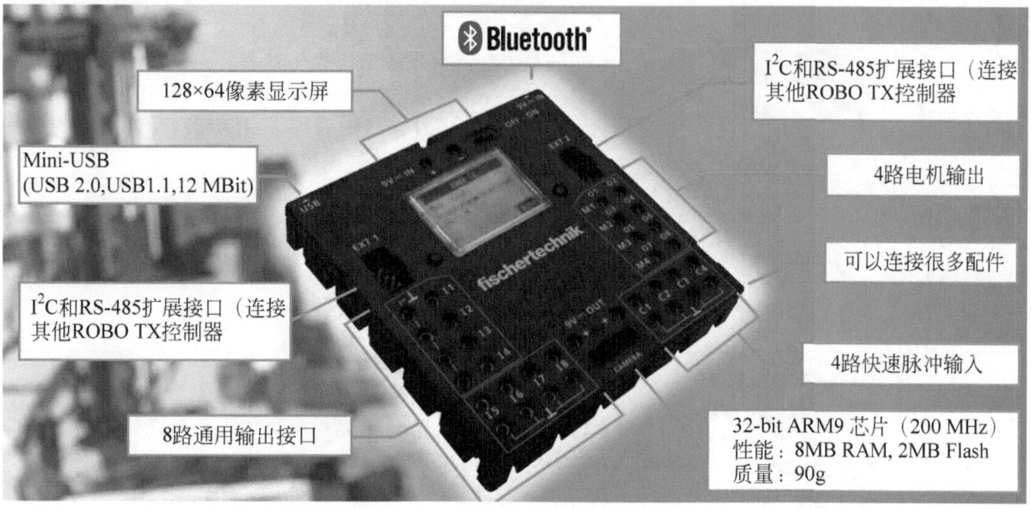

图 1-3　ROBO TX 控制器

ROBO TX 控制器采用 ARM9 芯片，32 位的处理器，作为机器人的核心具有以下特点：

(1) 通过 USB 接口或无线蓝牙与计算机进行通信，运行速度快；

(2) 最多可与 7 个 ROBO TX 控制器进行蓝牙通信；

(3) 控制器拥有 8 路通用输出接口，编程便捷；

(4) I^2C 和 RS-485 扩展接口实现物理扩展；

(5) 使用 ROBO Pro 软件编程，与 C 语言兼容，程序文件可视化。

1.2.2 检测装置

传感器是一种检测装置，能感受到被测量的信息，并能将检测到的信息按一定规律变换成电信号或其他形式的信息输出，以满足信息的传输、处理、存储、显示、记录和控制等要求。在研究自然现象和规律以及生产活动中，需要传感器获取外界信息，可以说传感器是机器人的感觉器官。表 1-2 是常用的几种传感器。

表 1-2 **常用传感器**

名　　称	图　　示	说　　明
微动开关		尺寸：30mm×15mm×7.5mm，红色部分为触动按键，接口 1 和 2 为常闭接触，接口 1 和 3 为常开接触，一般接入 ROBO TX 控制器的通用输入端 I1～I8，用作数字量信号检测
光敏晶体管		尺寸：15mm×15mm×7.5mm，红色端口为晶体管正极，另一端为晶体管负极，连接时需确保正、负极连接正确。光源使晶体管两极产生电子流，晶体管导通。一般接入 ROBO TX 控制器的通用输入端 I1～I8，用作数字量信号检测
轨迹传感器		尺寸：30mm×15mm×16mm，轨迹传感器有两个红外线发射端和两个红外线接收端，工作时需要独立供电，红色接电源，绿色接地，蓝色与黄色接信号端。一般接入 ROBO TX 控制器的通用输入端 I1～I8，用作数字量信号检测
温度传感器	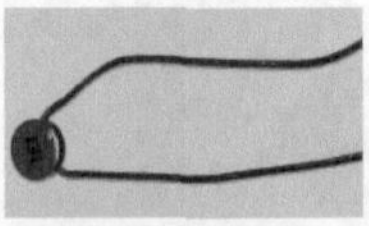	NTC 电阻值随温度的上升而减小，故称为负温度系数电阻，是连续变化的模拟量信号。一般接入 ROBO TX 控制器的通用输入端 I1～I8，温度小于－2℃时软件无法识别到
光敏传感器		尺寸：15mm×15mm×15mm，光敏电阻的阻值随光强度变化而变化，是连续变化的模拟量信号。一般接入 ROBO TX 控制器的通用输入端 I1～I8，模拟量信号识别范围为 0～5kΩ

续表

名　　称	图　　示	说　　明
颜色传感器		尺寸：30mm×15mm×16mm，颜色传感器有一个红色光线发射端，一个红色光线接收端，工作时需要独立供电，红色接电源，绿色接地，黑色接信号端。受距离和外界光线影响，测量距离为15mm时状态最佳。一般接入 ROBO TX 控制器的通用输入端I1～I8，用作模拟量信号检测
距离传感器		尺寸：45mm×30mm×16.4mm，距离传感器有一个超声波发射端，一个超声波接收端，工作时需要独立供电，红色接电源，绿色接地，黑色接信号端。一般接入 ROBO TX 控制器的通用输入端 I1～I8，用作模拟量信号检测，最大测距为 4m

1.2.3　执行系统

执行器是自动化技术工具中接收控制信息并对受控对象施加控制作用的装置，执行系统由一个或多个零件组成，将控制信号转换成相应动作，是机器人完成预定功能的重要组成部分，执行系统由机械、电子和气动零件组成。

1. 机械零件

机械零件主要起连接和传动的作用，并承受一定的作用力，构成结构骨架。机械零件包括方块、角块、梁、片、连杆、轴、齿轮、齿条、蜗轮蜗杆、销和板，详见表 1-3。

表 1-3　**常用机械零件**

零件	图　　示	说　　明
方块	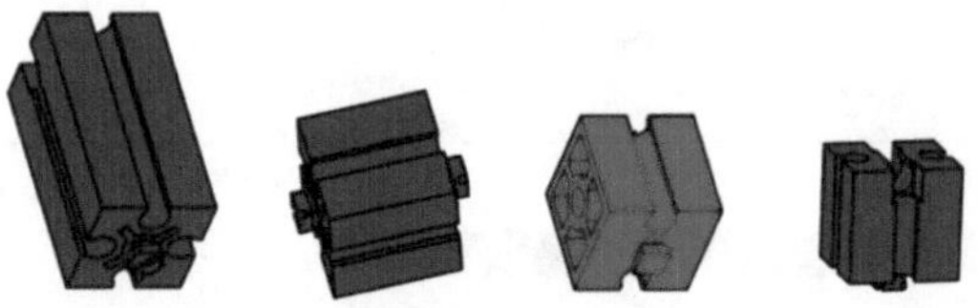	基本零件，六面可拼接
角块	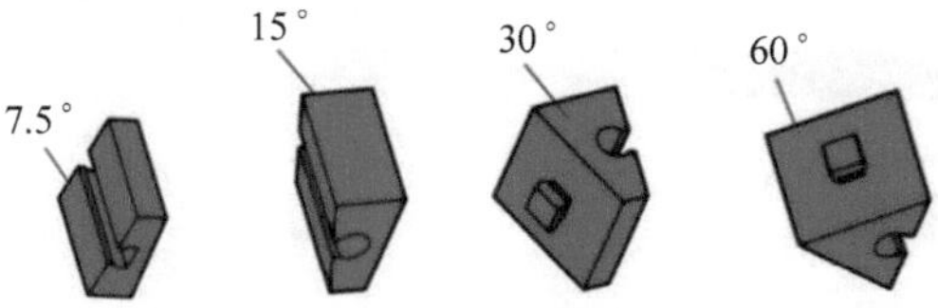	固定连接作用

续表

零件	图示	说明
梁	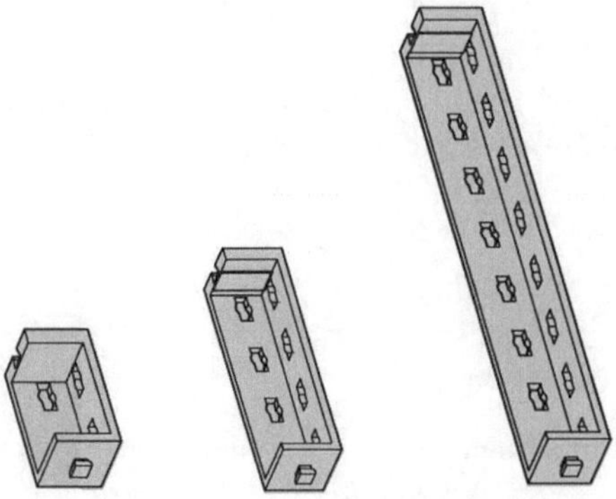	支撑连接作用
片	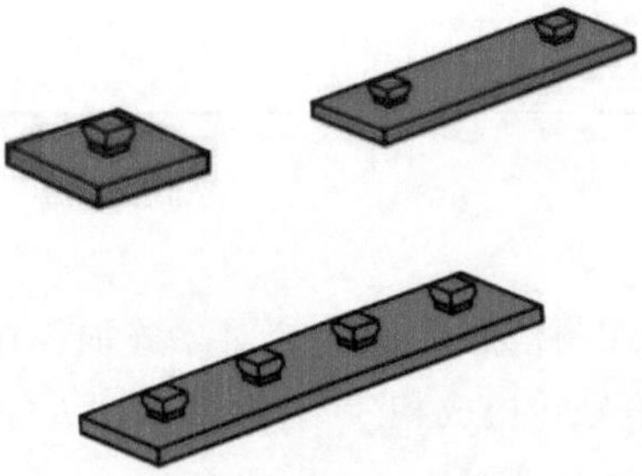	固定连接作用
连杆	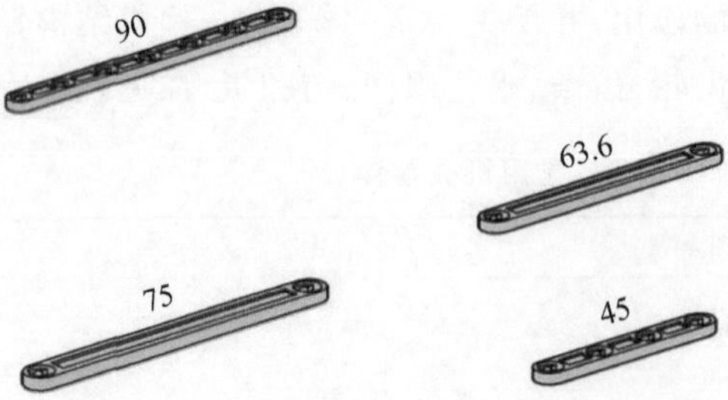	支撑连接作用
轴	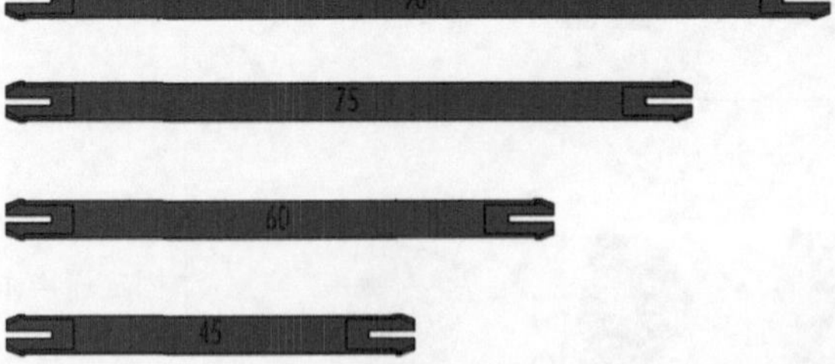	支撑转动零件

续表

零件	图　　示	说　　明
齿轮		传动零件
齿条	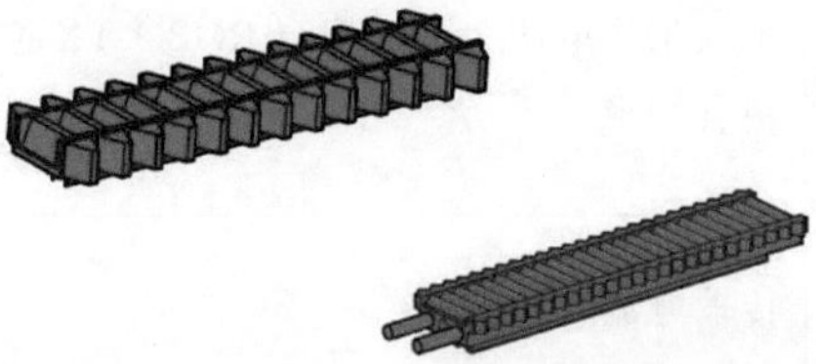	传动零件
蜗轮 蜗杆	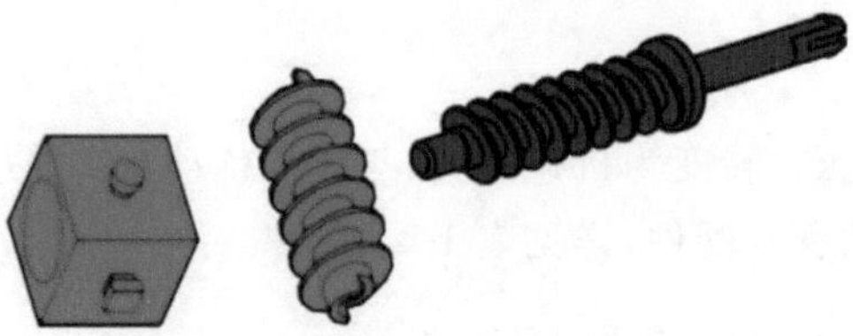	传动零件
销	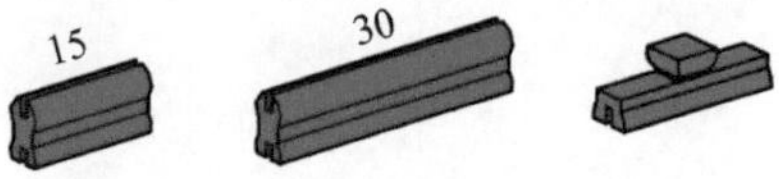	固定连接作用
板	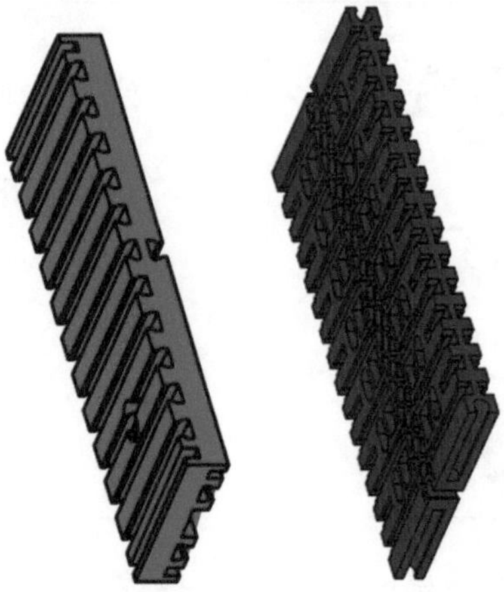	支撑固定作用，通常作为模型底座

2. 电子零件

电子零件包括灯泡、蜂鸣器，详见表 1-4。

表 1-4　常用电子零件

零件	图　示	说　明
灯泡	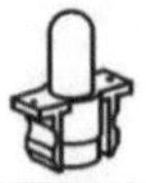	最大工作电压为 9V，最大工作电流为 0.1A，配合 ROBO TX 控制器使用，有 1～8 亮度等级
透镜灯		最大工作电压为 9V，最大工作电流为 0.15A，作为发射光源。配合 ROBO TX 控制器使用，有 1～8 亮度等级
蜂鸣器		最大工作电压为 9V，配合 ROBO TX 控制器使用，有 1～8 声音等级
导线	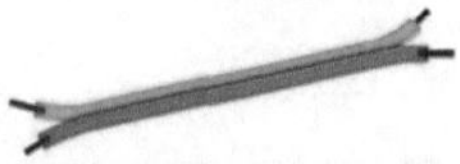	传输电流

3. 气动零件

气动零件将压缩空气产生的压力转变为机械动力，与机械传动相比，气压传动更加灵活，气动零件包括电磁阀、气缸、软管及配件，详见表 1-5。

表 1-5　常用气动零件

名　称	图　示	说　明
电磁阀		气动控制零件，二位三通电磁阀，最大工作电压为 9V，最大工作电流为 130mA
气缸		承受气体压力，是重要的传动零件
软管及配件	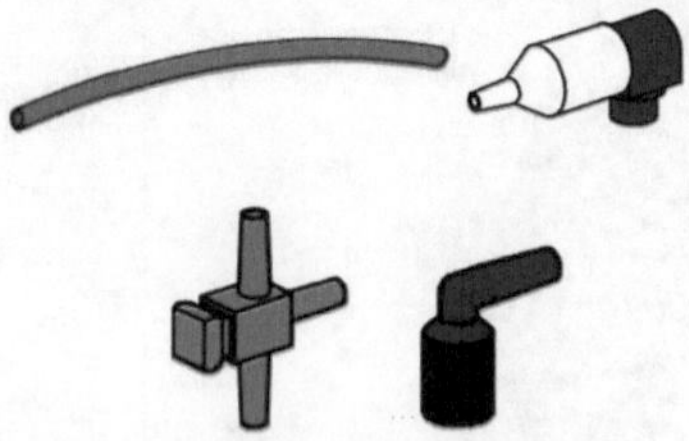	传输气体

机械、电子和气动零件都采用工业燕尾槽结构设计，长、宽、高尺寸以“mm”为单位。其中，基础零件六面都可拼接，零件的通用性强，可实现任意的组合和扩充。

1.2.4　驱动装置

驱动装置为机器人运动提供动力，是驱使执行系统运动的零件。机器人使用的驱动装置主要是电机和气泵，详见表 1-6。

表 1-6　常用驱动零件

名　称	图　示	说　明
迷你电机	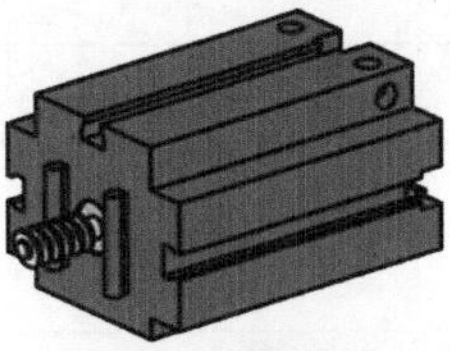	尺寸：37.5mm×30mm×23mm，最大工作电压为 9V，最大工作电流为 0.65A，最大转速为 6000r/min，配合 ROBO TX 控制器使用，可以调整 1～8 级速度
XS 电机	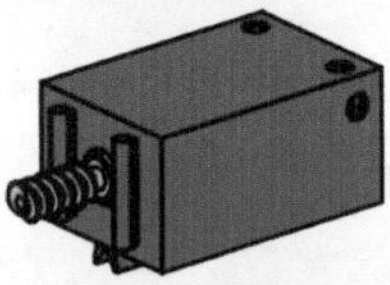	尺寸：30mm×15mm×20mm，最大工作电压为 9V，最大输出电流为 0.3A，输出功率为 1.0W，最大转速为 6000r/min，配合 ROBO TX 控制器使用，可以调整 1～8 级速度
XM 电机	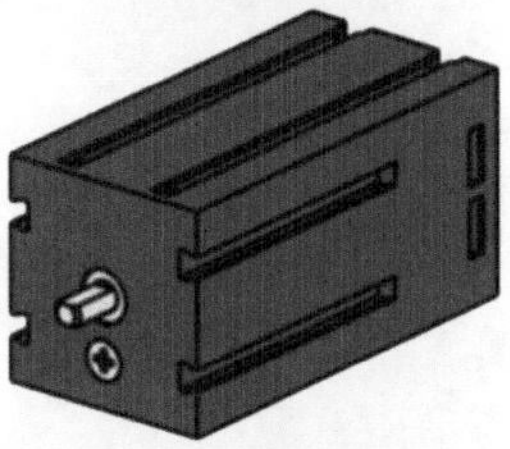	尺寸：60mm×30mm×30mm，最大工作电压为 9V，最大功率为 3.0W，最大转速为 340r/min，配合 ROBO TX 控制器使用，可以调整 1～8 级速度
编码电动机	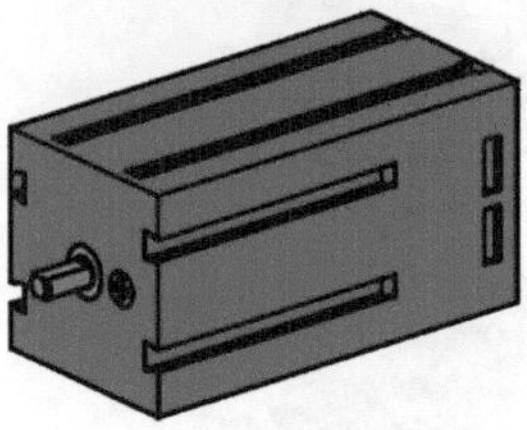	尺寸：60mm×30mm×30mm，内置独立计数器，最大工作电压为 9V，最大工作电流为 0.5A，最大转速为 1800r/min。配合 ROBO TX 控制器使用，可以调整 1～8 级速度
气泵		尺寸：60mm×30mm×30mm，产生压缩空气，作为动力源，最大工作电压为 9V，输出气压为 0.7～0.8MPa
电源		9V 直流电源

续表

名　称	图　示	说　明
可充电电池		输出电压为 8.4V,电容为 1500mAh,最大充电时间为 2h
太阳能电池板		最大输出电压为 1V,最大输出电流为 400mA,用于配合太阳能电动机使用
太阳能电动机	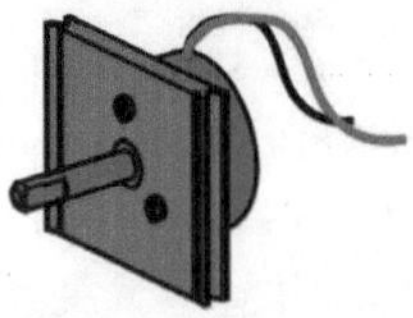	工作电压为 2V,根据负载和外部光源不同,选配 1～4 块太阳能电池板

1.2.5 实践与思考

(1) 如图 1-4 所示,请同学们搭建一个四连杆模型。

图 1-4 **四连杆模型**

(2) 请同学们为模型设计驱动装置,分析电动装置和气动装置的特点。

(3) 请同学们查阅相关资料,讨论四连杆模型的工作原理。

第 2 章　机器人结构设计

机器人的设计都是为了满足某种特定的功能要求，这些功能要求往往是通过机械结构的动作来实现的。因此，机械结构的运动设计在机器人设计方案中占有重要地位，是机器人设计的基础。

机械结构研究力对静止和移动对象的作用，机械结构涉及静力学、动力学及热动力学等范畴。机器人的各种运动均涉及动能，如轴的转动、来回动作或齿轮传动，同学们会在接下来的内容中学习这些知识。

2.1　机构的组成

2.1.1　机械构件

从制造和加工的角度，机械都是由若干单独加工制造的零件组装而成的，但从实际运动和功能的角度，不是每个零件都独立起作用。为了结构和工艺上的需要，常将几个零件连接在一起组成构件，成为一个不可分割的运动单元。

机构都由构件组合而成，两个构件之间能够产生运动。常用的机构类型有连杆机构、齿轮机构、蜗轮蜗杆机构和凸轮机构等，如表 2-1 所示。

表 2-1　常用的机构类型

名　　称	图　　示	特　　点
连杆机构		连杆机构运动形式多样，可实现转动、摆动、移动和平面或空间的复杂运动，可用于已知运动规律和已知轨迹的传动
齿轮机构		齿轮机构可以用来传递空间任意两轴间的运动和动力，与其他传动机构相比，齿轮机构具有结构紧凑、传动平稳、效率高和寿命长的优点，传递的功率和适用的速度范围大

续表

名　称	图　示	特　点
蜗轮蜗杆		蜗轮蜗杆机构常用来传递两个交错轴之间的运动和动力。蜗轮与蜗杆在其中间平面内相当于齿轮与齿条，蜗杆与螺杆形状相似
凸轮机构		凸轮机构结构简单、紧凑、设计方便，从动件可实现任意的预期运动，在机电一体化装配中大量应用

2.1.2 实践与思考

（1）如图 2-1 所示，请同学们搭建千斤顶模型，分析模型中有哪些机构？

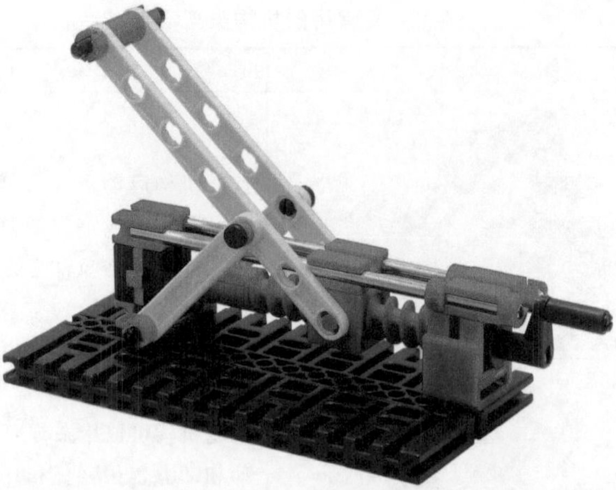

图 2-1 千斤顶模型

（2）查阅相关资料，分析现实生活中的千斤顶结构，请同学们改进千斤顶模型。

2.2 连杆机构

2.2.1 连杆机构简介

连杆机构由若干个刚性构件连接组成。在连杆机构中，若运动构件均在平行的平面内运动，则称为平面连杆机构；若各运动构件不在相互平行的平面内运动，则称为空间连杆机构。

铰链四杆机构是结构最简单且应用最广泛的平面连杆机构，各杆件之间可以做相对转动。如图 2-2 所示，AD 是机架，直接与机架连接的构件 AB 和 CD 称为连架杆，不直接与机架相连的构件 BC 称为连杆。做整周回转的连架杆称为曲柄，如构件 AB，仅在某一角度范围内往复摆动的连架杆称为摇杆，如构件 CD。

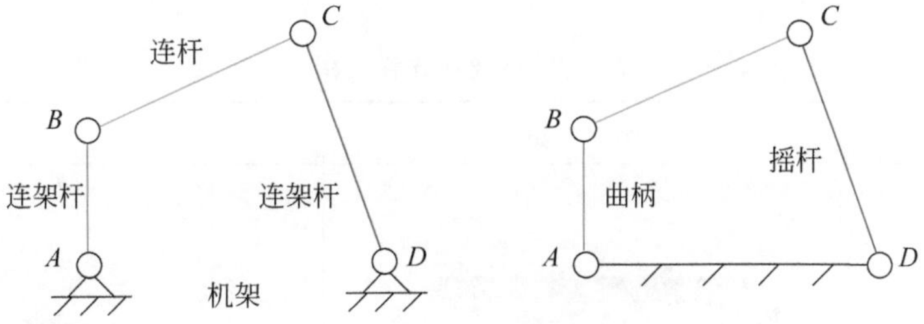

图 2-2　**四连杆机构示意图**

按照连架杆能否做整周运动，可将平面四杆机构分为曲柄摇杆机构、双曲柄机构和双摇杆机构 3 种基本形式。平面连杆机构具有传递和变换运动的功能，了解其特性对于正确设计平面连杆机构具有重要指导意义。

如表 2-2 所示，假设四杆分别是 a、b、c、d（长度：$a>b>c>d$），不同杆作为机架时，判断四杆机构属于哪种机构的方法。

表 2-2　**四连杆机构类型**

条　　件	名　　称	图　　示
$a+d>b+c$	双摇杆机构	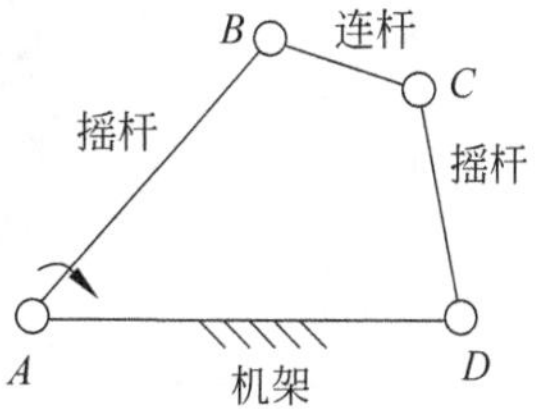
$a+d\leqslant b+c$，以与最短杆相对的杆为机架		
$a+d\leqslant b+c$，以与最短杆相邻的杆为机架	曲柄摇杆机构	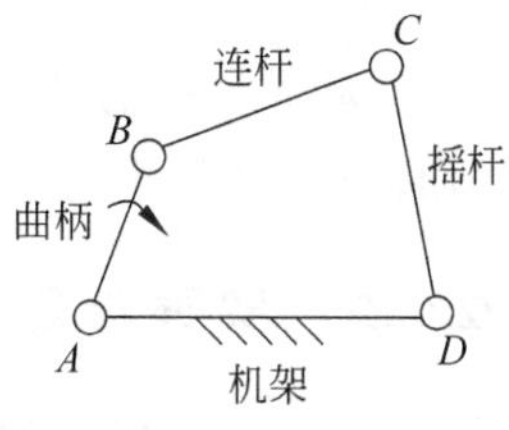

续表

条　　件	名　　称	图　　示
$a+d\leqslant b+c$，以最短杆为机架	双曲柄机构	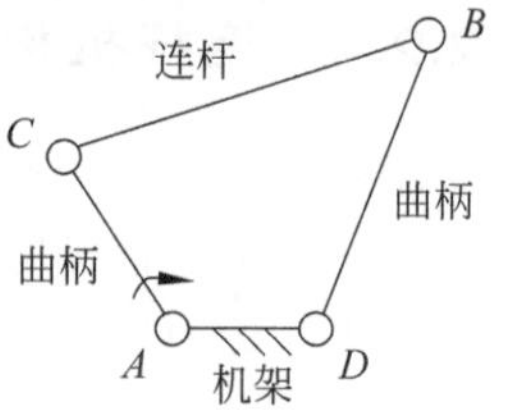

请同学们利用表 2-3 所示的零件搭建四连杆模型，分别设计出表 2-2 所示 3 种类型的连杆机构。

表 2-3　**搭建四连杆机构**

名　　称	图　　示	示　　例
连杆 90mm	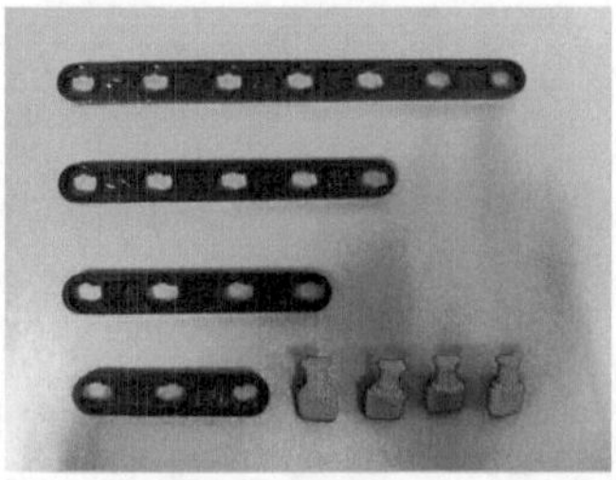	
连杆 60mm		
连杆 45mm		
连杆 30mm		
销钉		
连杆 60mm	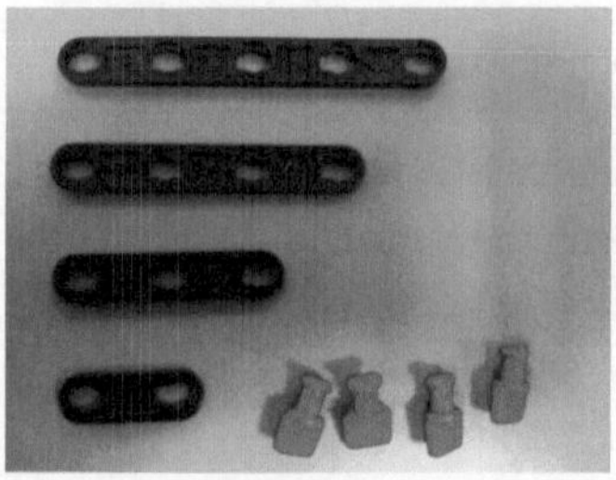	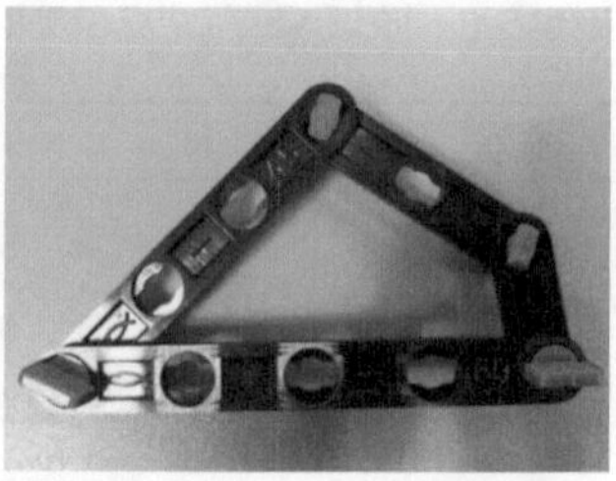
连杆 45mm		
连杆 30mm		
连杆 15mm		
销钉		

除了上述 3 种四杆机构外，工程实际中还广泛应用着其他类型的四杆机构，如曲柄滑块机构、移动导杆机构等。这些机构可以看作是四杆机构通过不同方法演化而来的，有关这方面的理论知识，同学们可以查阅相关资料。

2.2.2　实践与思考

(1) 请同学们分析表 2-4 所示的四连杆机构属于哪种类型的连杆机构。

表 2-4　**四连杆机构**

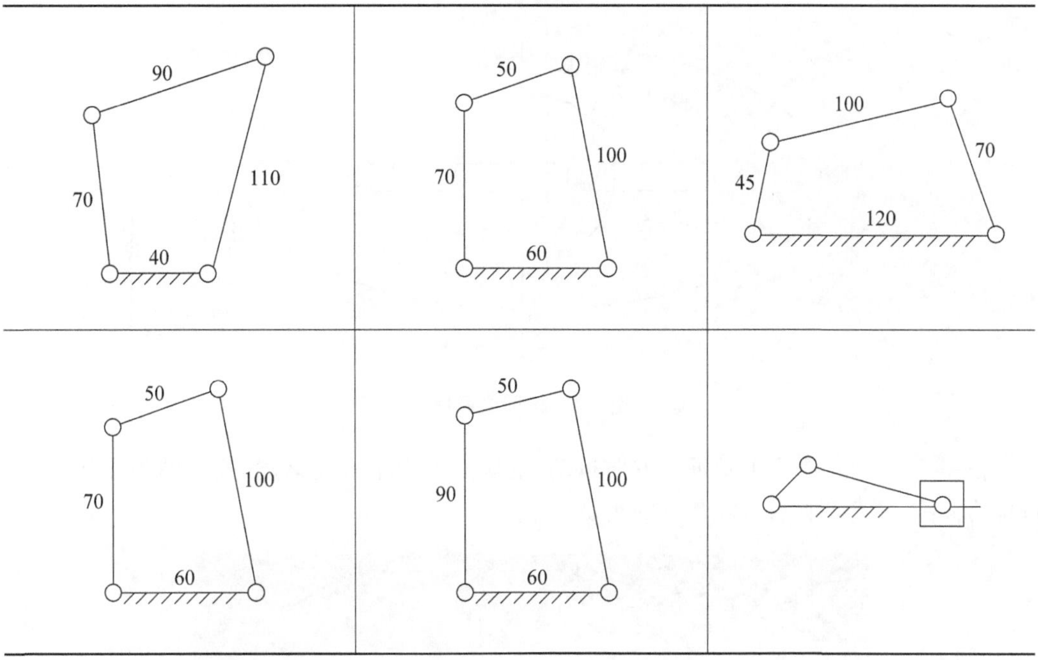

(2) 雨刷器模型如图 2-3 所示，请同学们设计一款雨刷器，分析它有哪些运动形式？

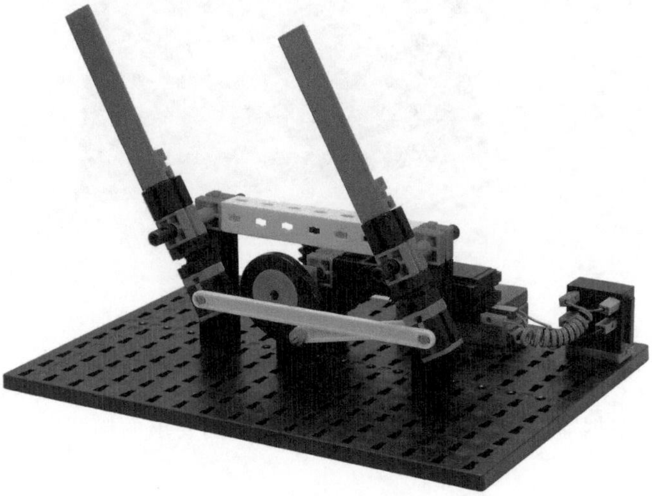

图 2-3　**雨刷器模型**

(3) 拓展练习。已知椭圆是平面上到两定点的距离之和为常数的点的轨迹，请同学们利用手中零件设计一款椭圆仪模型。

(4) 设计提示。如图 2-4 所示，利用曲柄滑块机构双联动完成绘制椭圆的任务，滑块在连杆和轨道的双重约束下在轨道内运动，连杆顶部做椭圆运动。

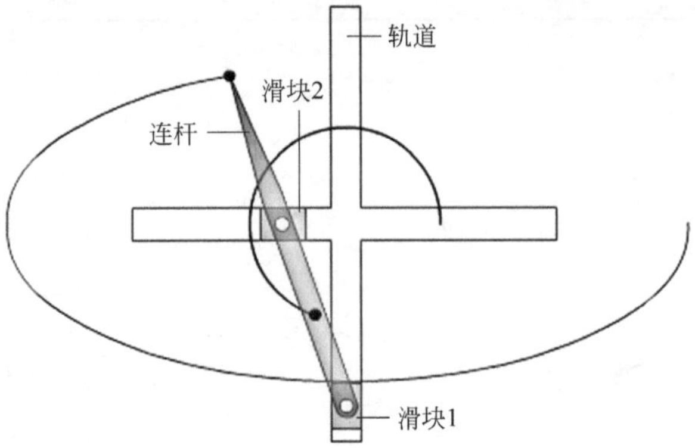

图 2-4　**椭圆仪原理**

由图 2-4 可知，滑块 1 做垂直方向运动，滑块 2 做水平方向运动，连杆的顶点运动轨迹即为椭圆，图 2-5 所示为椭圆仪的实物。

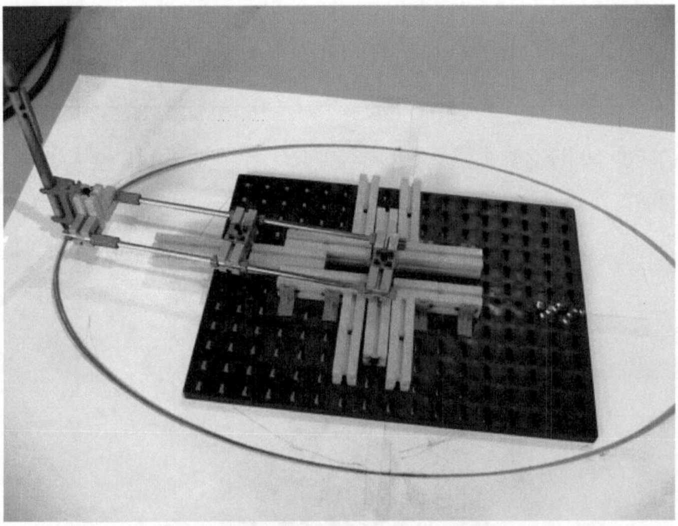

图 2-5　**椭圆仪**

已知连杆长度为 50cm，两个滑块之间的距离为 15cm，请问椭圆的长轴和短轴分别是多少？同学们可以根据需要，改变轨道的长度，画出不同要求的椭圆。

2.3　凸轮机构

2.3.1　凸轮机构简介

凸轮机构是由具有曲线轮廓或凹槽的构件，通过接触、带动从动件完成预期运动规律的一种机构。凸轮机构广泛应用于各种机械，是实现机械化和自动化的一种常用机构。请同学们分析一下招手玩偶的运动原理，如图 2-6 所示。

图 2-6 **招手玩偶**

图 2-7 所示为玩偶运动的原理。凸轮带动导杆在导槽内运动，将旋转运动转变为往复直线运动，使玩偶完成招手动作。

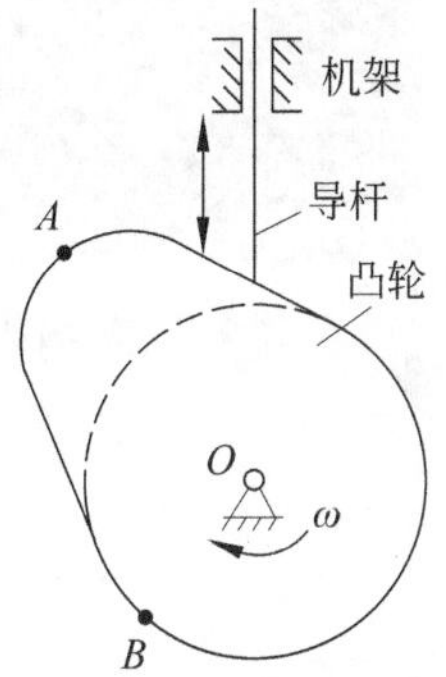

图 2-7 **凸轮机构原理**

凸轮机构只有几个活动构件，并且占据的空间较小，是一种结构十分简单、紧凑的机构。从动件的运动规律取决于凸轮轮廓曲线的形状，只要适当地设计凸轮的轮廓线，就可以使从动件获得各种运动规律。

在图 2-7 中，A、B 分别是凸轮上的两点，已知 $OA=9\text{cm}$，$OB=5\text{cm}$，请同学们计算导杆从 A 点到 B 点的过程中玩偶手臂的运动距离。

实际使用的凸轮机构形式多种多样，按照从动件的形状不同，可以分为尖端从动件、曲面从动件、滚子从动件和平底从动件，下面通过几个试验了解从动件形状对凸轮机构的影响。

1. 尖端从动件

如图 2-8 所示，尖端从动件的结构简单，从动件轨迹主要取决于凸轮形状，但尖端从动件容易磨损，只适用于低速和受力不大的场合。

2. 曲面从动件

如图 2-9 所示，曲面从动件把尖端做成曲面形状，克服了尖端从动件的缺点，其轨迹受从动件和凸轮曲面的双重影响。这种形式的从动件在生产中应用较多。

3. 滚子从动件

如图 2-10 所示，无论是尖端从动件还是曲面从动件，凸轮与从动件之间都是滑动摩擦，为了减小摩擦磨损，可以在从动件端部安装一个滚轮。这样凸轮与从动件之间的滑动摩擦就变成了滚动摩擦，从而降低磨损，可以传递较大的动力。这种形式的从动件应用广泛。

4. 平底从动件

如图 2-11 所示，平底从动件与凸轮之间由点接触变为线接触，从动件轨迹主要取决于凸轮形状。凸轮对从动件的作用力始终垂直于从动件的平底，受力平稳，传动效率高，这种机构常用于高速场合。

图 2-8　**尖端从动件凸轮**

图 2-9　**曲面从动件凸轮**

图 2-10　**滚子从动件凸轮**

图 2-11　**平底从动件凸轮**

凸轮机构最吸引人的特征是其多用性和灵活性，从动件的运动规律取决于凸轮轮廓曲线的形状，只要适当地设计凸轮的轮廓曲线，就可以使从动轮获得各种预期的运动规律。有关这方面的知识，同学们可以查阅相关资料。

2.3.2　实践与思考

(1) 同学们已经了解了玩偶的运动原理，玩偶垂直运动的距离取决于从动件在凸轮上的位置，下面请同学们分组设计一款联动玩偶。如图 2-12 所示，同学们可以在轴上设计 4 个不同的凸轮机构，观察 4 个玩偶的运动情况。

(2) 设计完成后，请同学们举办一场玩具派对，评选出最佳作品。

(3) 拓展练习。配气机构作为内燃机的重要组成部分，直接关系到内燃机的动力性能、经济性能、排放性能及工作的可靠性、耐久性。如图 2-13 所示，凸轮是配气机构的核心部分，请同学们查阅相关资料，利用手中的零件设计一款配气机构。

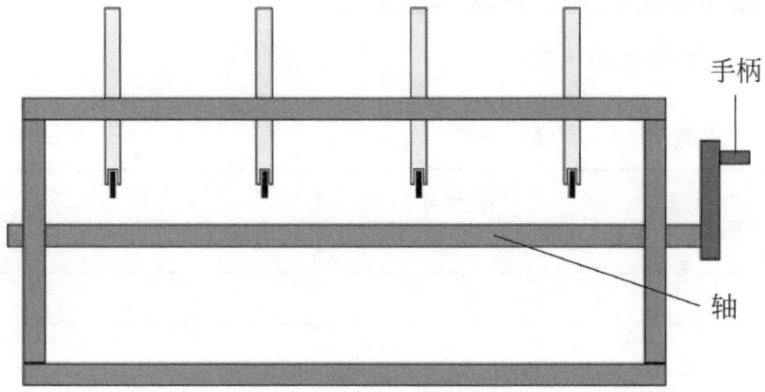

图 2-12　**四偶联动玩偶机架**

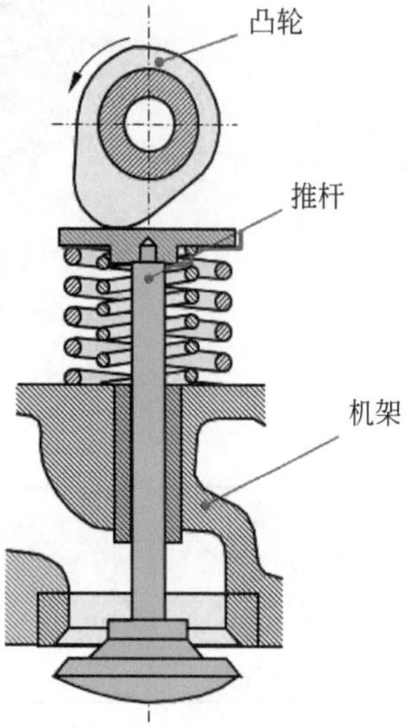

图 2-13　**配气机构示意图**

2.4　齿轮机构

齿轮机构包含主动齿轮、从动齿轮和机架组，可以传递空间任意两轴间的运动和动力。与其他传动机构相比，齿轮机构具有传动准确、平稳，机械效率高，使用寿命长，工作安全、可靠，传递的功率和使用的速度范围大等优点，是现代机械中应用最广泛的一种传动机构。

2.4.1　传动比

传动比是机构中两个转动构件角速度的比值，也称速比。z_1 和 n_1 分别是主动轮的齿数和转速，z_2 和 n_2 分别是从动轮的齿数和转速，主动轮转动一个齿数，从动轮也转过一个齿数，两个齿轮之间传动关系恒定，所以有

$$n_1 z_1 = n_2 z_2$$

由上式可知，两个齿轮之间的传动比是它们齿数的反比，即

$$i_{12} = \frac{n_1}{n_2} = \frac{z_2}{z_1}$$

如图 2-14 所示，请同学们组装一个齿轮机构，分析大齿轮转动一周时，小齿轮可转动多少周，并计算传动比，完成表 2-5。

图 2-14　**齿轮传动机构(一)**

表 2-5　**齿轮传动比计算(一)**

参　数	大齿轮	小齿轮	比值
齿数			
转速			
旋转方向			

如图 2-15 所示,请同学们组装 3 个齿轮的模型,其中带手柄的齿轮为主动轮。请分析齿轮之间的传动比和转动方向,完成表 2-6。

图 2-15　**齿轮传动机构(二)**

表 2-6　**齿轮传动比计算(二)**

参　数	主动轮	中间轮	从动轮	比值
齿数				
转速				
旋转方向				

如图 2-16 所示，将 3 个齿轮的模型做些改动，中间带手柄的齿轮作为主动轮，请分析齿轮之间的传动比和转动方向，完成表 2-7。

图 2-16 **齿轮传动机构（三）**

表 2-7 **齿轮传动比计算（三）**

参　数	从动轮 1	主动轮	从动轮 2	比值
齿数				
转速				
旋转方向				

我们发现，图 2-14～图 2-16 所示 3 种类型的齿轮模型中，各齿轮轴固定，且彼此平行，分别实现了一级传动和二级传动。一级传动时，两个齿轮转向相反；二级传动时，从动轮与主动轮转向相同；中间齿轮作为主动轮时，两个从动齿轮转向相同。

如图 2-17 所示，改进 3 个齿轮的模型，其中带手柄的齿轮为从动轮，两个主动轮同轴转动。请计算传动比和转动方向，完成表 2-8。

图 2-17 **变速齿轮机构**

表 2-8　齿轮传动比计算(四)

参　数	主动轮 1	主动轮 2	从动轮	比值
齿数				
转速				
旋转方向				

我们发现,两个主动齿轮转向相同,从动轮与主动轮转向相反。当主动轴上不同的齿轮作为主动轮时,从动轮将实现多级传动,汽车变速器采用的就是这种机构。有关多齿轮的传动比计算方法,将在后面的内容学习。

2.4.2　锥形齿轮

工程实际中的齿轮机构形式多种多样,两轮的传动关系可以是恒定的,也可以是按照一定规律变化的。齿轮机构在改变速度大小的同时,也可以改变运动方向,锥齿轮模型如图 2-18 所示。

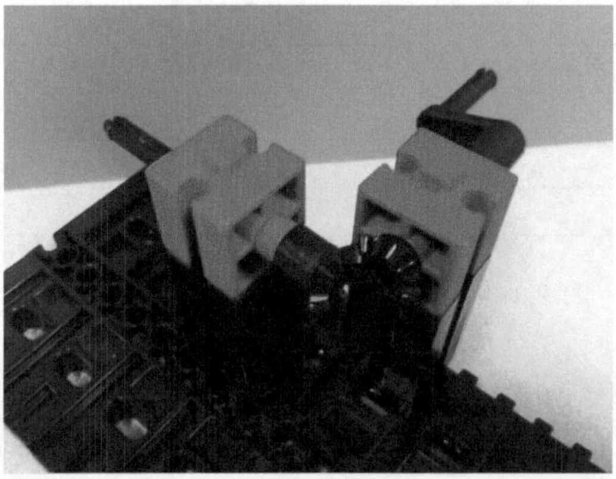

图 2-18　锥齿轮机构

锥齿轮是圆锥齿轮的简称,分为直齿锥齿轮、斜齿锥齿轮、曲线齿锥齿轮等几种。如图 2-18 所示,轮齿由大端到小端逐渐收缩变小,实现两相交轴的传动。两轴交角称为轴角,可根据传动需要确定,多采用 90°轴角。

请同学们分析锥齿轮模型的传动比和齿轮轴夹角,完成表 2-9。

表 2-9　齿轮传动比计算(五)

参　数	主动轮	从动轮	两轴夹角	比值
齿数				
转速				
旋转方向				

如图 2-19 所示,请同学们组装一个锥形齿轮箱。转动手柄,观察其他齿轮的转向。

同学们可以对齿轮箱做一些改进,分析是否能够制作一款风力发动机。有关锥齿轮

图 2-19　**锥形齿轮箱**

的实际应用可以查阅相关资料。

2.4.3　齿轮齿条

齿轮齿条传动是将齿轮的回转运动转变为齿条的往复直线运动，或将齿条的往复直线运动转变为齿轮的回转运动。如图 2-20 所示，齿轮齿条机构具有传动精密、往复运动易于实现、输出位移范围大及传动效率高等特点。

图 2-20　**齿轮齿条机构**

齿轮齿条具有广泛的应用，如仓库中搬运货物的叉车、行驶在陡峭山坡上的火车和加工车间的车床。如图 2-21 所示，叉子沿着导轨升降，请同学们为叉车设计升降机构。

如图 2-22 所示，同学们可以设计一款齿轮齿条升降机构，其中齿轮箱与齿条啮合，将旋转运动转换为叉子的直线运动，完成货物的搬运工作。

如果你是一位旅游爱好者，一定知道英国威尔士北部的一座山——斯诺登峰，它是英格兰和威尔士的最高点。如图 2-23 所示，游客可以徒步或乘坐火车到达顶峰，那里的火车和轨道就采用了齿轮齿条机构。

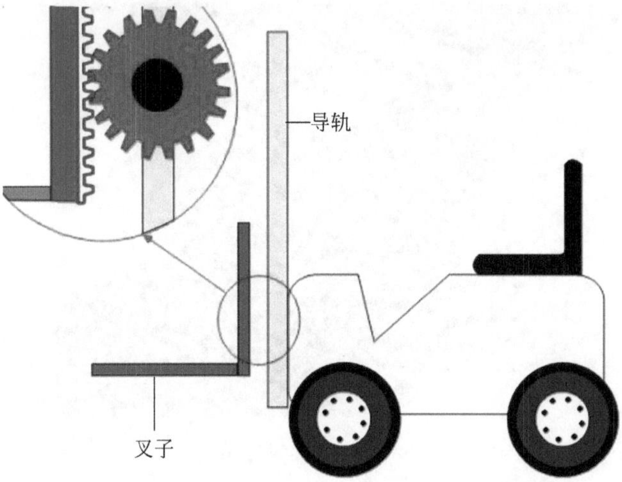

图 2-21 **叉车示意图**

图 2-22 **叉车升降机构**

图 2-23 **上斯诺登峰的火车**

2.5 轮 系

现代机械中，为了满足工作需求，往往需要一系列齿轮的传动。例如，起重机通过减速器将电动机的高转速变为小车的低转速；机床通过变速器实现主轴的多种转速；汽车通过差速器使两个后轮获得不同的转速。上述机械中的减速器、变速器和差速器，都是一系列互相啮合的齿轮组成的传动系统，简称轮系。

分析轮系的运动时，主要内容是确定各种轮系传动比，即输入轴的转速与输出轴的转

速的比值 i，有

$$i_{io} = \frac{n_{in}}{n_{out}} = \frac{z_{out}}{z_{in}}$$

确定轮系的传动比，包括计算传动比的大小和输入与输出轴转向关系。定轴轮系的传动比公式为

$$\text{定轴轮系的传动比} = \frac{\text{所有从动轮齿数的连乘积}}{\text{所有主动轮齿数的连乘积}}$$

5 个定轴齿轮组成的轮系传动比为

$$i_{15} = \frac{z_2 z_3 z_4 z_5}{z_1 z_2 z_3 z_4}$$

2.5.1　变速器

如图 2-24 所示，手动挡汽车中，司机操控变速杆改变变速器的齿轮啮合位置，达到变速的目的。汽车起步、加速和停止过程都是通过汽车变速器(也称变速箱)实现的。

图 2-24　**手动挡手柄**

变速器分为手动、自动两种，具有改变传动比和动力输出的作用。如图 2-25 所示，同学们参照附录，组装一款变速器模型，分析变速器的结构和工作原理。

汽车变速箱内有多组不同传动比的齿轮副，通过操纵杆调整不同的齿轮副工作，以完成换挡。低速时，传动比大的齿轮副工作；高速时，传动比小的齿轮副工作。

请同学们调整齿轮的位置，记录各齿轮的运行情况，完成表 2-10。有关更多变速器的知识可查阅相关资料。

表 2-10　**齿轮传动比计算(六)**

参　　数	齿轮 1	齿轮 2	齿轮 3
速度(快/慢)			
转动方向(同向/反向)			

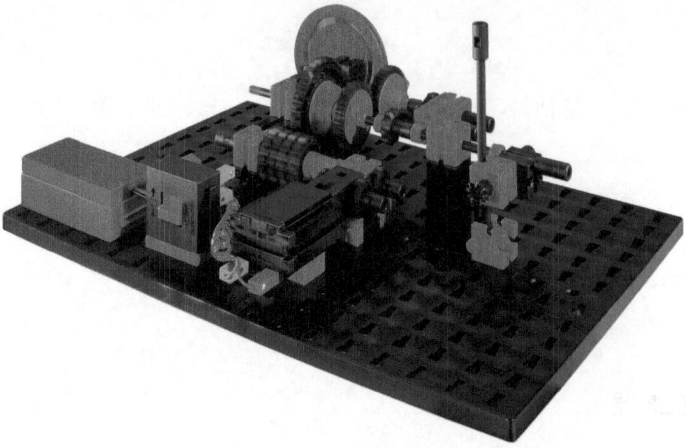

图 2-25　**变速器模型**

2.5.2　差速器

运动的差异性有时候是非常必要的，如汽车转弯时，外侧车轮的转弯半径要大于内侧车轮的转弯半径，要求外侧车轮的转速高于内侧车轮的转速，这时就需要差速器调整两侧车轮转速。如图 2-26 所示，请同学们使用锥形齿轮设计一款差速器模型，观察齿轮转速、转向和转矩的变化情况，完成表 2-11。

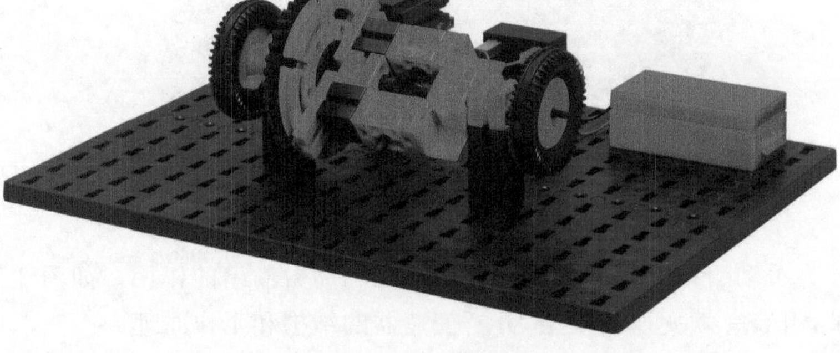

图 2-26　**差速器模型**

表 2-11　**齿轮传动比计算（七）**

参　数	左车轮	右车轮
转速		
转向		

由于结构原因，差速器分配给左、右轮的转矩相等，能够保证汽车在良好路面上平稳行驶。但是遇到恶劣天气时，这种结构将严重影响汽车的通行能力。如图 2-27 所示，汽车一个车轮陷入泥泞路，另一个车轮在良好路面，汽车往往不能前进（俗称打滑）。

图 2-27　**汽车打滑**

由于差速器平均分配转矩的特点，在汽车打滑时，滑转轮将消耗一部分驱动力，导致驱动力不足以克服行驶的阻力，结果汽车不能前进。同学们可以查阅相关资料，改进差速器结构，以解决汽车打滑的问题。

2.5.3　行星齿轮

齿轮轴固定的齿轮称为定轴齿轮；转动轴不固定的齿轮称为行星齿轮。如图 2-28 所示，行星齿轮一般由太阳轮、行星轮、行星架和内齿轮组成。行星轮绕自身的齿轮轴转动称为"自转"；绕其他齿轮轴的转动称为"公转"。

如图 2-29 所示，请同学们参照附录搭建行星齿轮模型，了解它的内部结构和原理。

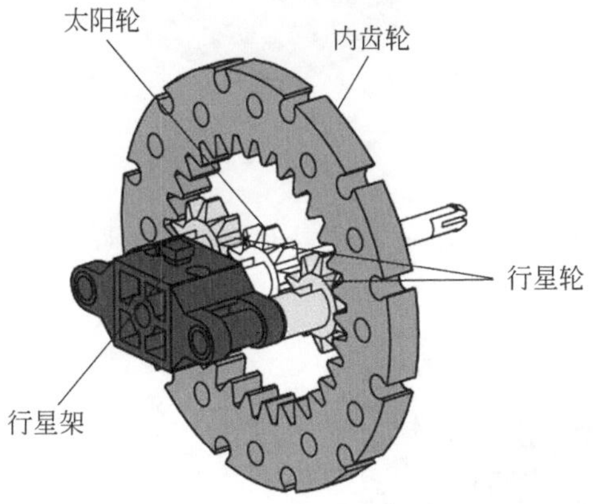

图 2-28　**行星齿轮结构**

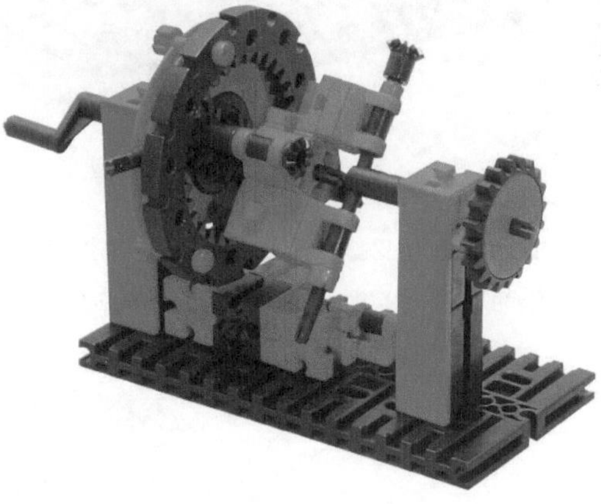

图 2-29　**行星齿轮模型**

我们发现，太阳轮和行星轮安装在内齿轮中，行星齿轮包含曲柄驱动太阳轮、驱动内齿轮和直接驱动行星架 3 种驱动方式。行星齿轮各部分协同工作，实现大传动比和大功率传动，完成运动的分解与合成。模型下端滑块可以制动行星齿轮架和轮芯，以防止错位转动。

请同学们测量行星齿轮模型的传动比，观察各齿轮的转动方向，完成表 2-12。

表 2-12 **齿轮传动比计算(八)**

参　数	中心轮	行星架
转动方向		
减速比		

行星齿轮是一类比较复杂的齿轮组，在很多领域都有应用，如搅拌器和自动变速器等，更多行星齿轮的知识，请同学们查阅相关资料。

2.5.4 实践与思考

(1) 如图 2-30 所示，请同学们应用行星齿轮机构设计一款搅拌机。

(2) 请同学们分析搅拌机模型中行星齿轮机构的工作原理。

(3) 如图 2-31 所示，请同学们设计一款玩偶，要求玩偶头部能够随着手柄旋转而转动。

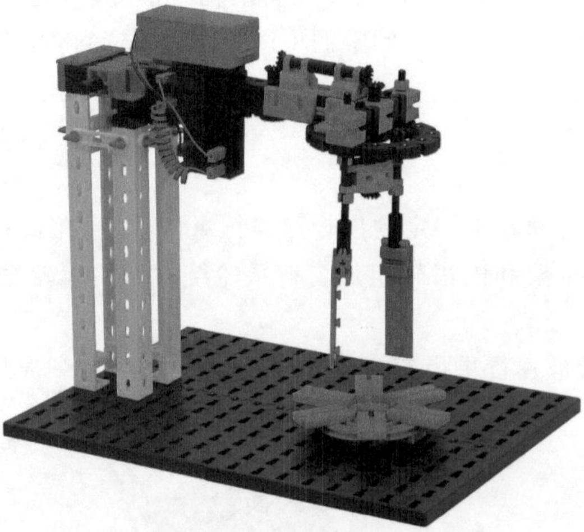

图 2-30 **搅拌机模型**

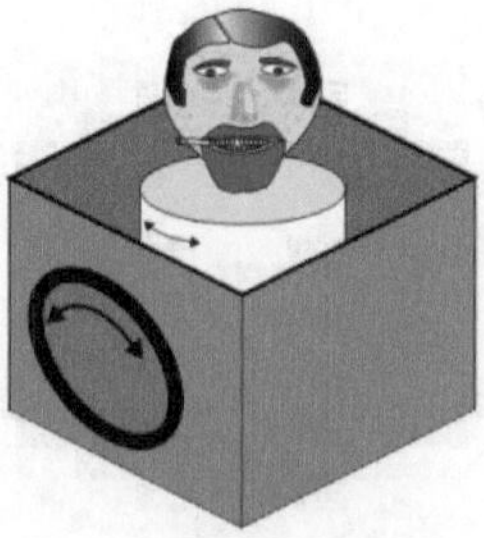

图 2-31 **迎客玩偶**

提示：如图 2-32 所示，同学们可以使用锥齿轮结构设计一款旋转玩偶，当然也可以发挥你的想象力，设计出更加多样的迎客玩偶。

图 2-32 **锥齿轮传动机构**

2.6　其他传动类型

传动机构可以改变运动的方式、方向或速度，是机器人设计的重要内容，本节将通过一些例子讲解其他一些常用机械传动类型。

2.6.1　带传动

如图 2-33 所示，带传动是利用张紧在带轮上的柔性带传递运动和动力的一种机械传动，带传动通常由主动轮、从动轮和张紧在两轮上的环形带组成。带传动具有结构简单、传动平稳、能缓冲吸振、可以在大的轴间距和多轴间传递动力以及造价低廉、不需润滑、维护容易等特点，在近代机械传动中应用十分广泛。

图 2-33　**带传动模型**

图 2-34 所示为带传动模型的工作原理。两轮的直径分别为 D_1 和 D_2，转速分别为 n_1 和 n_2，带传动的速比计算公式为

$$i=\frac{n_1}{n_2}=\frac{D_2}{D_1}$$

上式表明，带传动的两轮转速与带轮直径成反比。由于传运带与两轮之间存在摩擦力，因此实际传动过程中传动比不恒定。

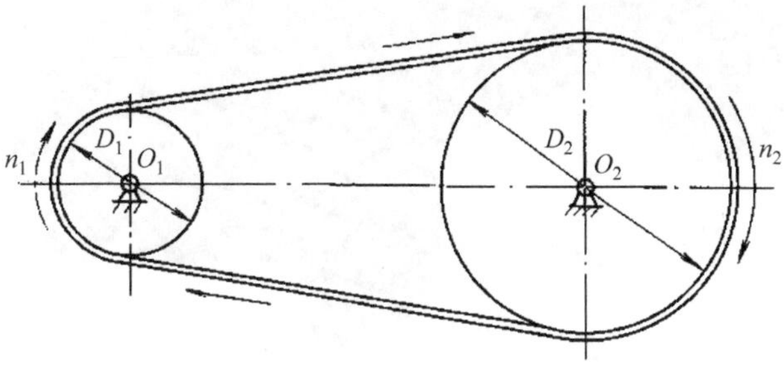

图 2-34　**带传动示意图**

2.6.2 链传动

如图 2-35 所示,链传动是由两个具有特殊齿形的链轮和一条挠性的闭合链条组成。

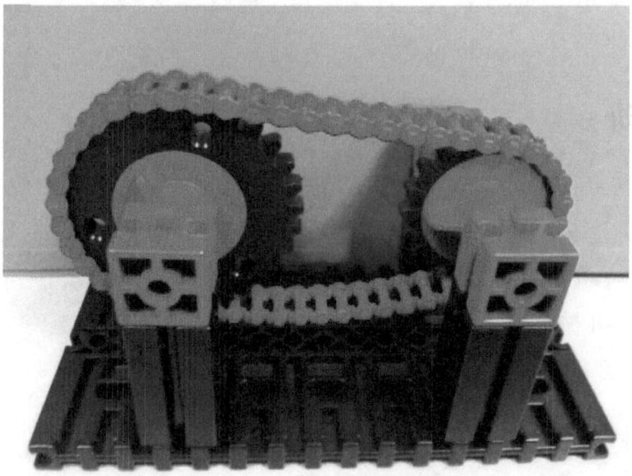

图 2-35 链传动模型

假设主动链轮齿数为 z_1、转速为 n_1,从动链轮齿数为 z_2、转速为 n_2。当主动链轮转过一周,即转过 z_1 个齿时,从动链轮就被带动转动,也转过 z_1 个齿,主动轮与从动轮所转过的齿数相等,有

$$z_1 n_1 = z_2 n_2$$

在链传动中,两轮转速和链轮齿数成反比,即

$$i = \frac{n_1}{n_2} = \frac{z_2}{z_1}$$

如图 2-36 所示,请同学们为小车设计一款链传动机构,分析传动的优、缺点。

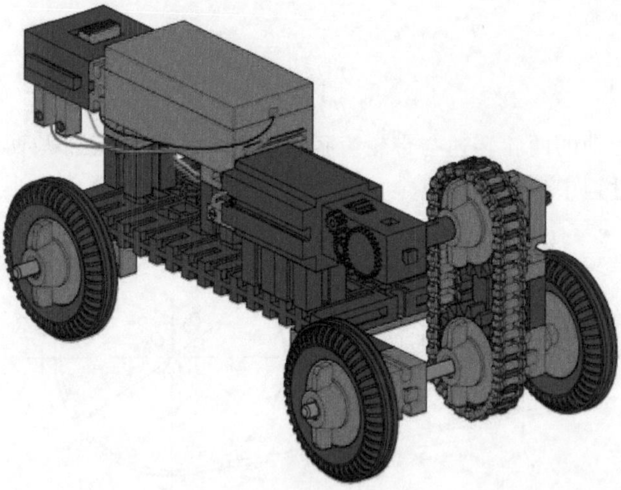

图 2-36 链传动小车模型

2.6.3　蜗轮蜗杆传动

如图 2-37 所示，蜗轮蜗杆机构常用来传递两交错轴的运动和动力，传动中蜗杆是主动件，蜗轮是从动件。

图 2-37　**蜗轮蜗杆机构**

蜗轮蜗杆传动由蜗杆和蜗轮组成，蜗杆的齿数为 z_1、转速为 n_1，蜗轮的齿数为 z_2、转速为 n_2，蜗轮蜗杆传动的速比为

$$i = \frac{n_1}{n_2} = \frac{z_2}{z_1}$$

蜗杆传动具有速比大、传动平稳、有自锁作用和效率低的特点。请同学们设计一款栅栏和升降台模型，以便更好地了解蜗轮蜗杆机构的实际应用。

（1）栅栏模型如图 2-38 所示。

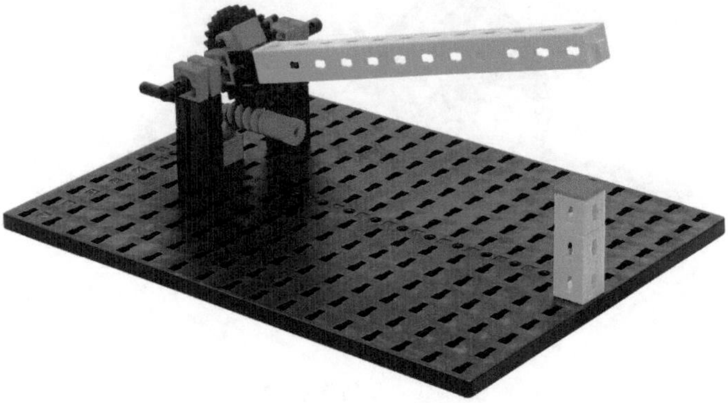

图 2-38　**栅栏模型**

（2）升降台模型如图 2-39 所示。

请同学们查阅相关资料，分析什么是自锁功能，自锁功能有哪些优点。

图 2-39　升降台模型

2.6.4　实践与思考

如图 2-40 所示，请同学们为自行车模型设计一款链传动或带传动机构。

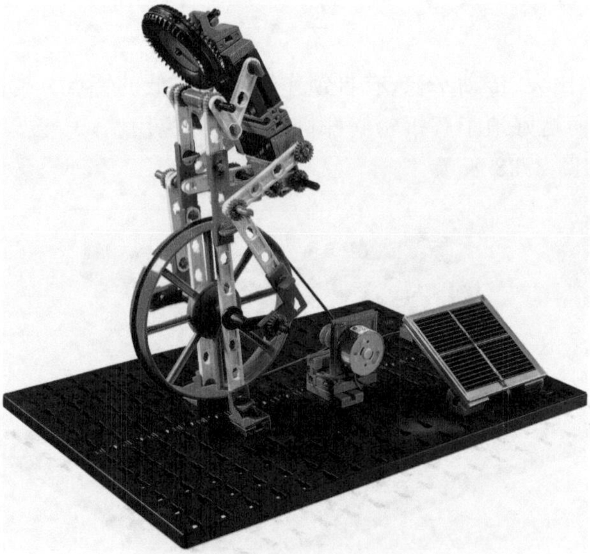

图 2-40　自行车模型

第3章 机器人驱动装置

原动机是机械系统中的驱动部分。第一类原动机使用自然界能源，直接将自然界能源转变为机械能，如内燃机、风力机、水轮机；第二类原动机将电能、压力能转变为机械能，如电动机、液压电动机和气动电动机，机械设计中常选用电动机。本节主要介绍各种驱动装置的使用方法和传动方式，为机器人提供动力。

3.1 电动装置

电动机(也称马达)是指依据电磁感应原理，实现电能转换或传递的一种电磁装置。电动机的主要作用是产生转矩，作为各种机械的动力源。按照输入电源类型，电动机分为直流电动机和交流电动机。

如图3-1和图3-2所示，电动机包含两个部分，一个是固定的定子，一个是转动的转子。

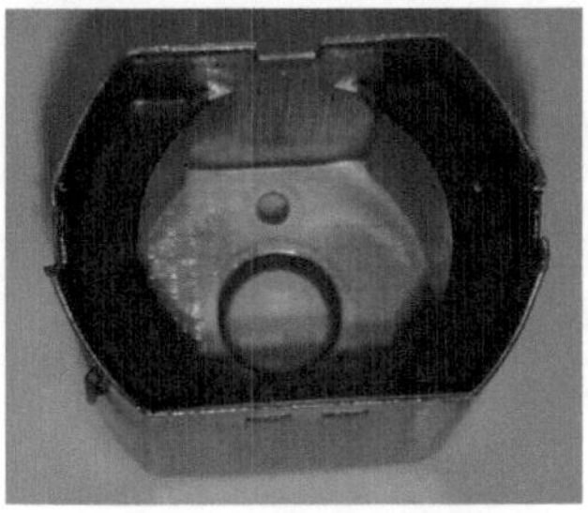

图3-1 电动机定子

图3-2 电动机转子

定子是一块磁石，而转子是一个导电的线圈，当电流流过转子时，它便会在定子的磁场内转动。

3.1.1 XS电动机

XS电动机尺寸小巧，最大工作电压为9V，最大输出电流为0.3A，输出功率为1.0W，最大转速为6000r/min，其主要用于空间受限的位置。由于它的转速较高，常与齿轮箱、齿轮轴和齿条配合使用，输出旋转运动或直线运动，表3-1所示为常用的配合方式。

表 3-1　XS 电动机使用方法

<table>
<tr><th>零　件</th><th>图　示</th><th>功　能</th></tr>
<tr><td></td><td rowspan="2"></td><td rowspan="2">降低转动速度,输出旋转运动</td></tr>
<tr><td>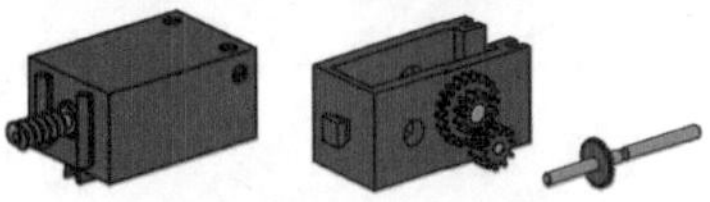</td></tr>
<tr><td>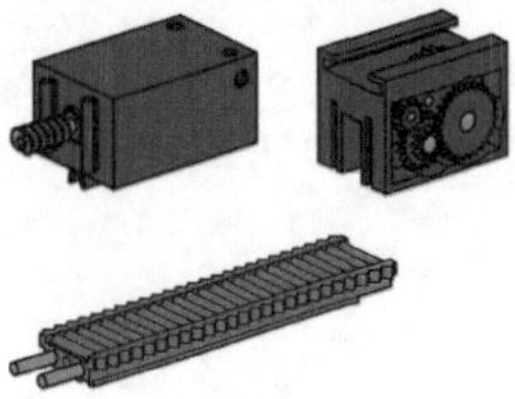</td><td></td><td>降低转动速度,输出直线运动</td></tr>
</table>

3.1.2　迷你电动机

迷你电动机的最大工作电压为 9V,最大输出电流为 0.65A,输出功率较大,带负载能力强,最大转速为 6000r/min,常与齿轮箱、齿轮轴和齿条配合使用,输出旋转运动或直线运动,表 3-2 所列为迷你电动机常用的配合方式。

表 3-2　迷你电动机使用方法

<table>
<tr><th>零　件</th><th>图　示</th><th>功　能</th></tr>
<tr><td></td><td rowspan="2"></td><td rowspan="2">降低转动速度,输出旋转运动</td></tr>
<tr><td>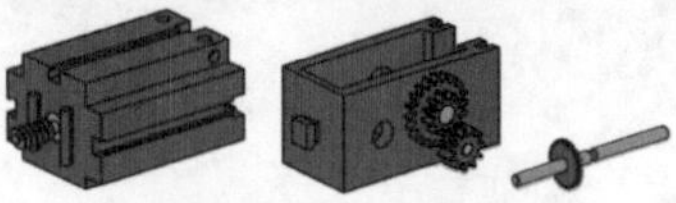</td></tr>
<tr><td>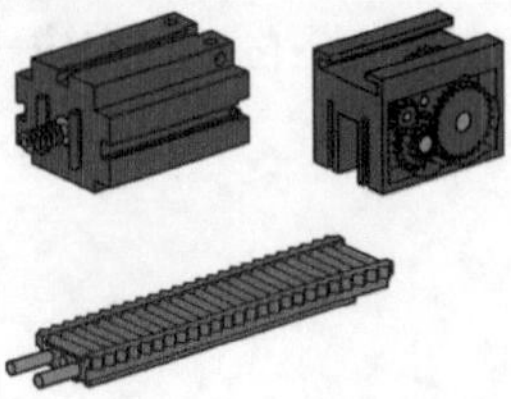</td><td></td><td>降低转动速度,输出直线运动</td></tr>
</table>

3.1.3　XM 电动机

XM 电动机的最大工作电压为 9V,最大功率为 3.0W,最大转速为 340r/min,其扭矩大,可直接与齿轮配合使用,如表 3-3 所示。

表 3-3　XM 电动机使用方法

零　件	图　示	功　能
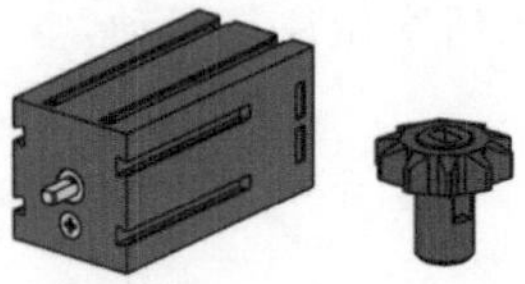		输出旋转运动,直接驱动执行机构

3.1.4　编码电动机

编码电动机内置独立计数器(增量式编码器),最大工作电压为 9V,最大工作电流为 0.5A,最大转速为 1800r/min,可直接与齿轮配合使用,如表 3-4 所示。

表 3-4　编码电动机使用方法

零　件	图　示	功　能
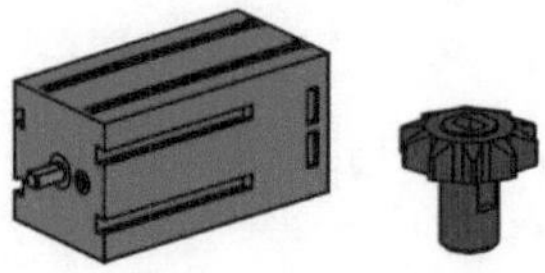		输出旋转运动,直接驱动执行机构,编码器有计数功能,可实现准确定位

3.2　气动装置

2500 年前,人类使用压缩空气来发射弹丸或长矛;现代工业中,利用压力驱动机器和自动化设备的例子比比皆是。

3.2.1　气缸

如图 3-3 所示,活塞杆与密封垫圈沿着气缸移动,再由弹簧产生的力将其返回初始位置,这种气缸称为“单作用气缸”。

气缸中的压缩空气越多,压力越大,有下面的等式关系,即

$$P = \frac{F}{A}$$

式中: P 为压强; F 为力; A 为力的作用面积。

压强表示单位面积上的压力,单位为帕(Pa),压强与力成正比,与面积成反比。

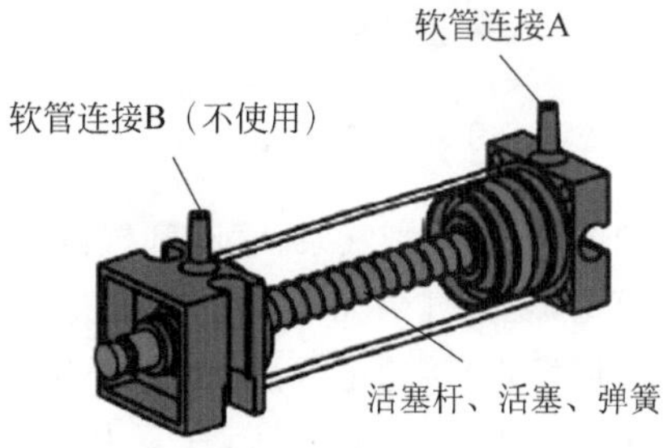

图 3-3　单作用气缸

3.2.2 气泵

气泵(压缩机)可以产生0.7～0.8MPa压强的压缩空气。如图3-4所示,压缩空气推动气缸中的活塞运动,为模型提供驱动力。

如图3-5所示,气泵有两室,由一个隔膜隔开,凸轮机构带动活塞做往复运动,空气压力引起弹性隔膜变形,空气通过进/出口阀进出气缸。

图3-4 **气泵**

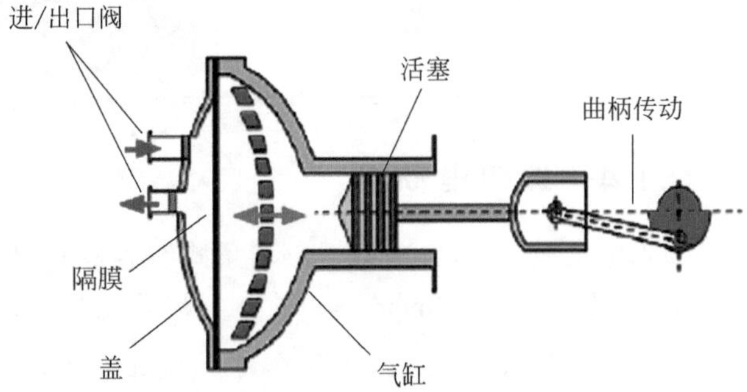

图3-5 **气泵原理示意图**

3.2.3 电磁阀

如图3-6所示,电磁阀的目的在于控制气缸中流动的气体,使气缸进行伸缩运动。电磁阀有3个连接点和两个开关位置,也称为二位三通阀。

如图3-7所示,通电后,线圈产生磁场,下拉磁芯,阀门打开,气流从P通过A。未通电时,弹簧向上推动磁芯,关闭阀门,A与R接通,将气缸中的气体排出。

图3-6 **电磁阀**

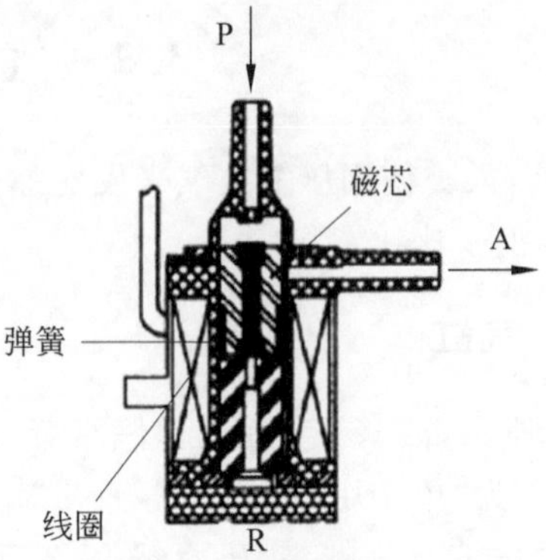

图3-7 **电磁阀原理**

如图3-8所示,气泵、气阀和气缸需要配合使用,才能实现气动控制。请同学们连接实物模型,观察气泵如何为模型提供动力。

我们发现,接通电源后,气泵开始工作,接触开关控制气阀通断,气阀控制气流的通断。按下开关后,气阀导通,气泵中压缩气体通过气阀进入汽缸,活塞进行往复的直线运动,为模型提供动力。

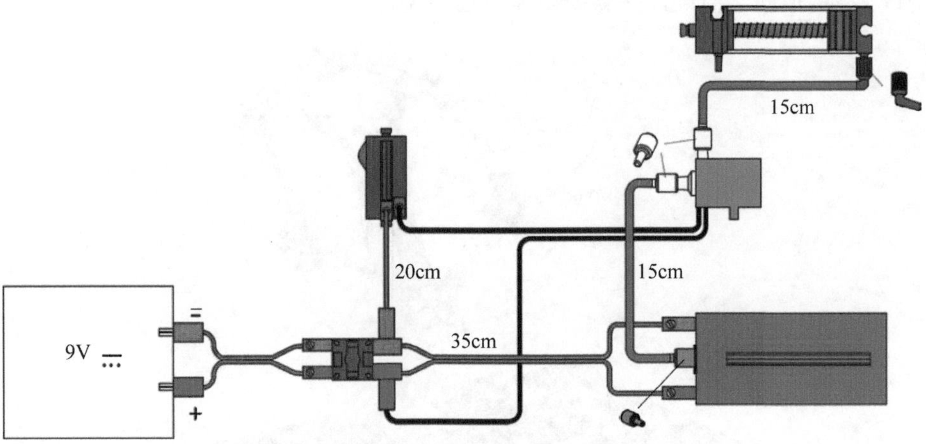

图 3-8　电动和气动联动示意图

3.2.4　实践与思考

如图 3-9 所示，请同学们设计一款空气电动机模型，其电气连接如图 3-8 所示。

图 3-9　压缩空气电动机模型

3.3　太阳能驱动

太阳能是指太阳光的辐射能量，能量转换过程中不产生其他有害的气体或固体废料，是一种环保、安全、无污染的可再生能源，一般将太阳能转换为热能、电能和化学能等。

3.3.1　太阳能电池

太阳能电池板将太阳能转换为电能，是太阳能发电系统的核心部分。太阳能电池板的最大输出电压是 1V，最大输出电流是 400mA，需要配合太阳能电动机使用。如图 3-10

和图 3-11 所示，请同学们设计一款太阳能风扇模型。

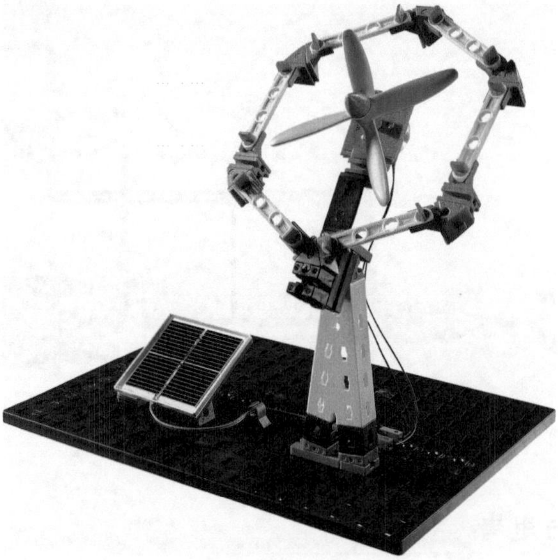

图 3-10　**太阳能风扇模型**

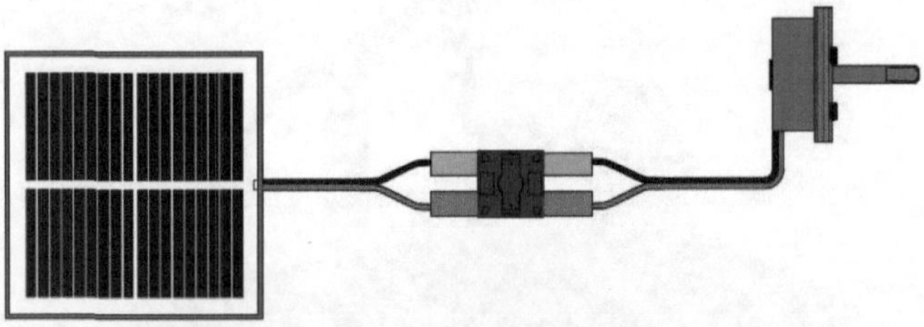

图 3-11　**太阳能风扇电路**

请同学们查阅相关资料，了解太阳能电池板的发电原理，观察哪种光源条件下电扇模型更容易转动，完成表 3-5。

表 3-5　**各种光源实验结果**

光　　源	实 验 结 果	光　　源	实 验 结 果
太阳光		室内	
白炽灯		节能灯	

3.3.2　氢能源

氢燃料电池利用电解水的逆反应，产生电流带动外部电路运转，不污染环境，产物水可以循环使用。如图 3-12 所示，燃料电池需要配合太阳能电池板使用，工作温度为 10～40℃，储罐容积为 2×15mL。请同学们查阅相关资料，了解燃料电池的相关知识。

氢燃料电池是一种可逆转燃料电池，具有以下功能。

1. 电解池

如图 3-13 所示，氢燃料电池工作电压为 1.4～2V，工作电流为 0～500mA，最大产氢率为 3.5mL/min，需要两块太阳能电池板串联供电。

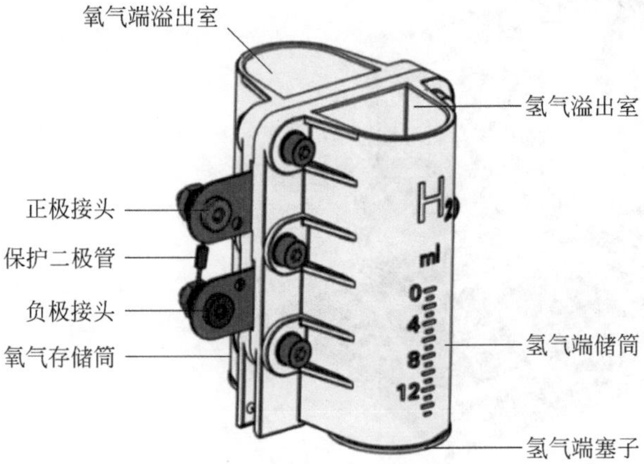

图 3-12　**氢燃料电池**

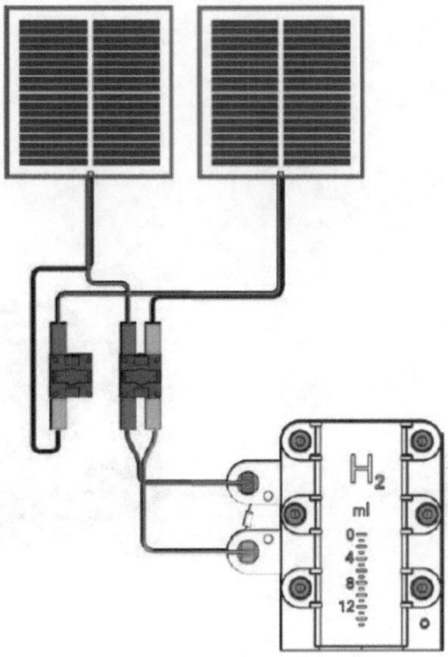

图 3-13　**电解池电路**

在合适的光源条件下，太阳能电池板提供电能，燃料电池则产生氢气和氧气，发生以下化学反应，即

$$2H_2O \xrightarrow{\text{电解}} O_2 + 2H_2$$

氢气和氧气分别存储到相应的筒内，水被排挤到溢出室，所有的水被排净大概需要 15～60min。请同学们分析电解池中生成的氢气和氧气体积的关系？

2. 燃料电池

如图 3-14 所示，储气筒中氢气和氧气发生化学反应生成水，在两极产生 0.5～0.9V 的电压，可提供 500mA 电流和 250mW 的功率。请同学们观察氢气和氧气体积的变化，太阳能电机多久开始转动。

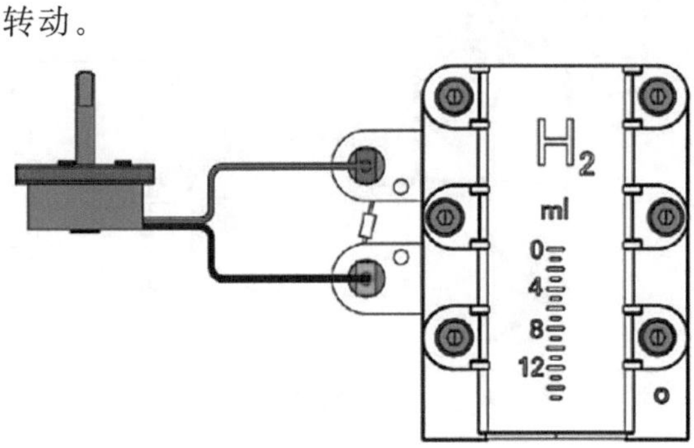

图 3-14　**氢燃料电池连接**

3.3.3 实践与思考

如图 3-15 所示，请同学们制作采油机模型，其电路如图 3-16 所示。

图 3-15　**采油机模型**

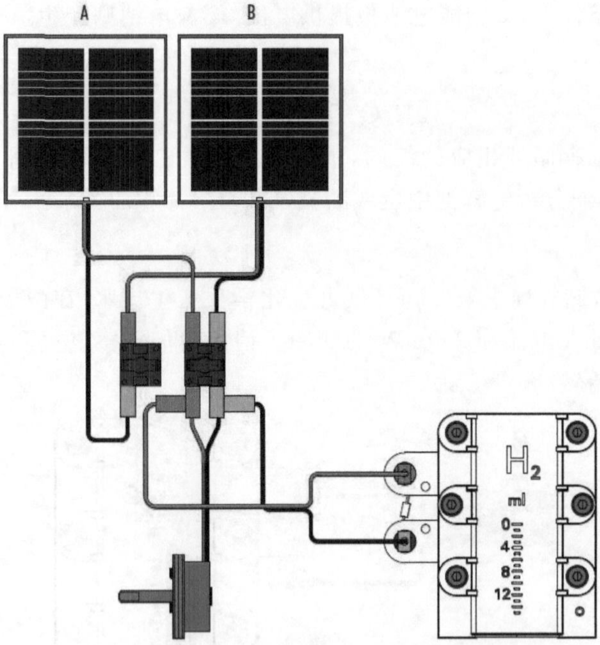

图 3-16　**采油机电路**

第 4 章　机器人控制系统

4.1　ROBO TX 控制器应用

4.1.1　ROBO TX 控制器的功能

ROBO TX 控制器是机器人的核心，其结构如图 4-1 所示。

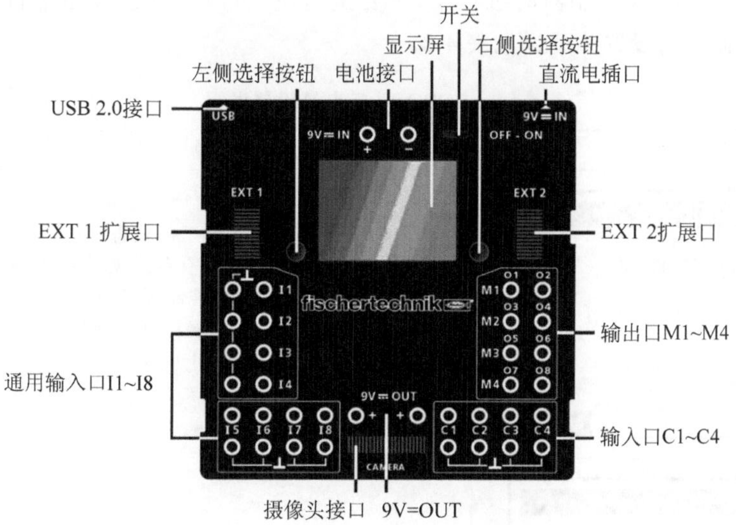

图 4-1　ROBO TX 控制器结构

ROBO TX 控制器可以接收传感器获得的信号，进行逻辑运算；同时还可以将软件的指令传输给机器人，控制机器人的运动，具体功能详见表 4-1。

表 4-1　ROBO TX 控制功能描述

编号	名　　称	功　　能
1	USB 2.0 接口	连接计算机，附带 USB 连接线
2	左侧选择按钮	设置显示屏菜单
3	电池接口，9V＝IN	连接充电电池
4	显示屏	显示控制器状态，下载程序等信息
5	开关	接通或断开开关
6	右侧选择按钮	设置显示屏菜单

续表

编号	名　　称	功　　能
7	直流电插口，9V=IN	连接电源
8	EXT 2 扩展口	可连接更多控制器
9	输出口 M1～M4	可以连接 4 个电机，也可以连接 8 个灯泡或电磁铁
10	输入口 C1～C4	快速计数端口，也可作为数字输入端口
11	9V=OUT	可为颜色传感器、轨迹传感器、超声波距离传感器提供 9V 直流工作电压
12	摄像头接口	连接摄像头
13	通用输入口 I1～I8	连接数字量传感器和模拟量传感器
14	EXT 1 扩展口	可连接更多控制器

4.1.2 设置 ROBO TX 控制器

在使用 ROBO TX 控制器的过程中，主要是用左、右两个红色按钮进行选择、确定，ROBO TX 控制器的设置菜单详见表 4-2。

表 4-2 ROBO TX 控制器设置说明

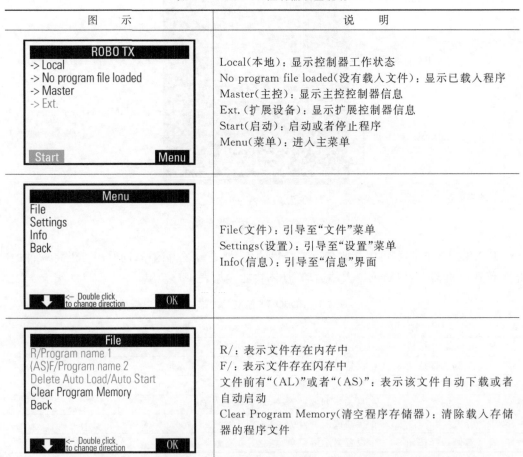

图　　示	说　　明
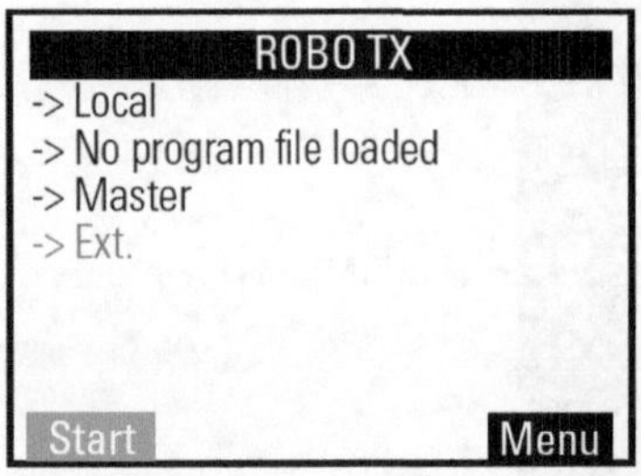	Local(本地)：显示控制器工作状态 No program file loaded(没有载入文件)：显示已载入程序 Master(主控)：显示主控控制器信息 Ext.(扩展设备)：显示扩展控制器信息 Start(启动)：启动或者停止程序 Menu(菜单)：进入主菜单
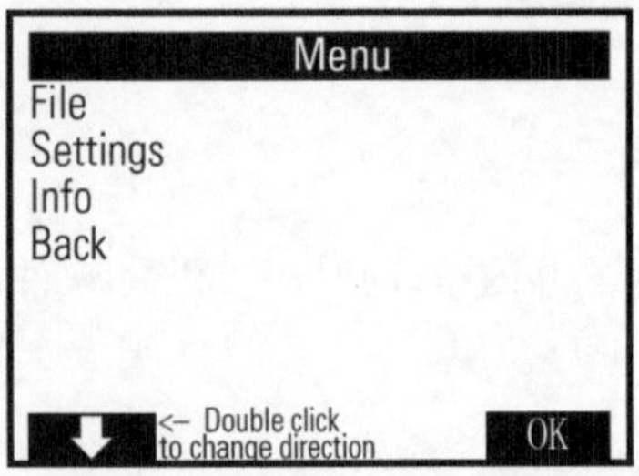	File(文件)：引导至"文件"菜单 Settings(设置)：引导至"设置"菜单 Info(信息)：引导至"信息"界面
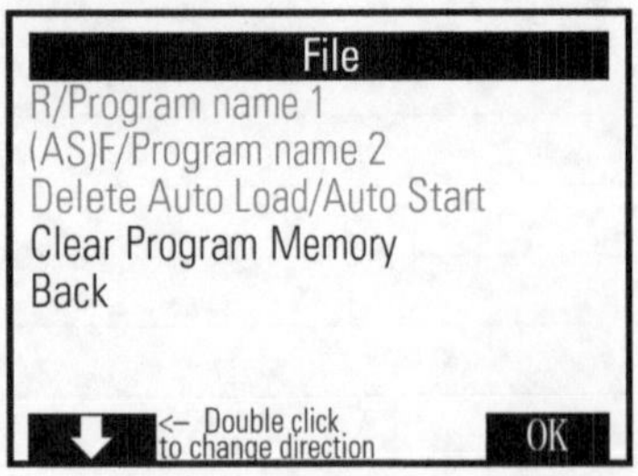	R/：表示文件存在内存中 F/：表示文件存在闪存中 文件前有"(AL)"或者"(AS)"：表示该文件自动下载或者自动启动 Clear Program Memory(清空程序存储器)：清除载入存储器的程序文件

续表

<table>
<tr><th>图　　示</th><th>说　　明</th></tr>
<tr><td>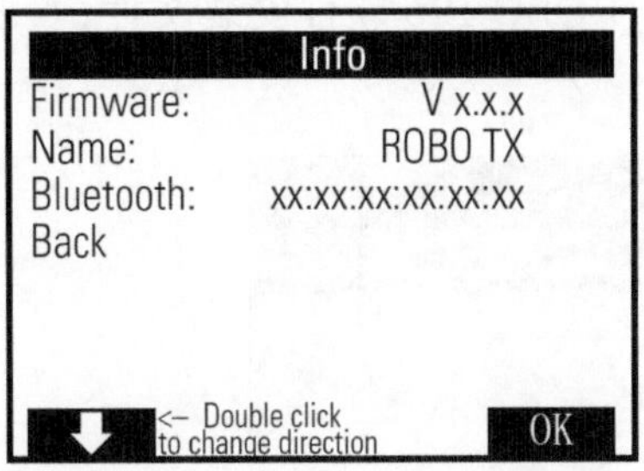
</td><td>Firmware(固件)：显示固件的版本号
Name(名称)：显示设备的名称
Bluetooth：唯一的蓝牙识别号</td></tr>
<tr><td>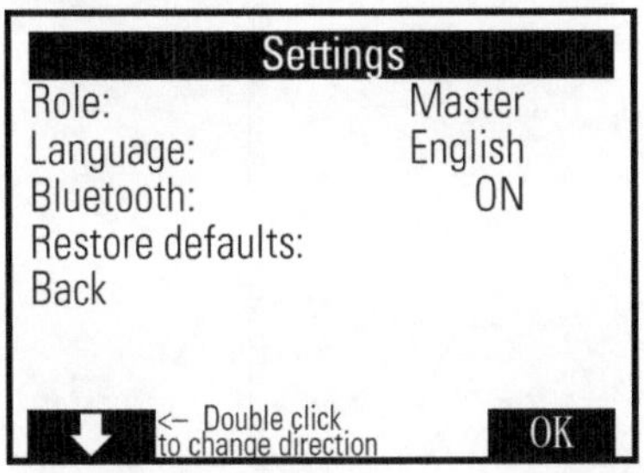
</td><td>Role(属性)：引导至“属性”菜单
Language(语言)：引导至“语言”菜单
Bluetooth(蓝牙)：引导至“蓝牙”菜单
Restore defaults(恢复默认设置)：恢复出厂设置</td></tr>
<tr><td>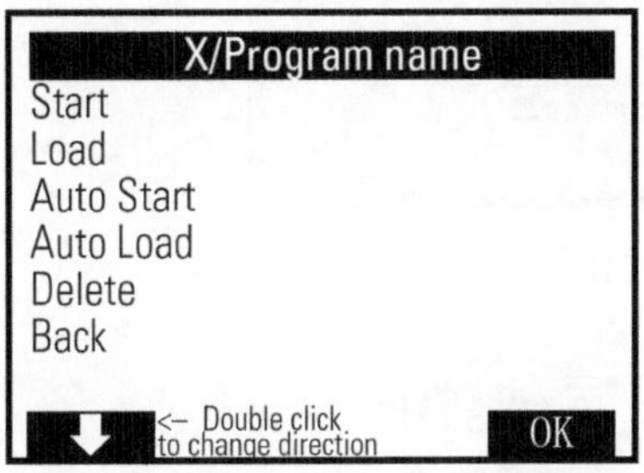
</td><td>Start：启动选中的程序
Load(下载)：下载程序
Auto Start(自动启动)：程序自动启动
Auto Load(自动下载)：程序自动下载,并可通过按下按键启动
Delete(删除)：删除选择的程序</td></tr>
<tr><td>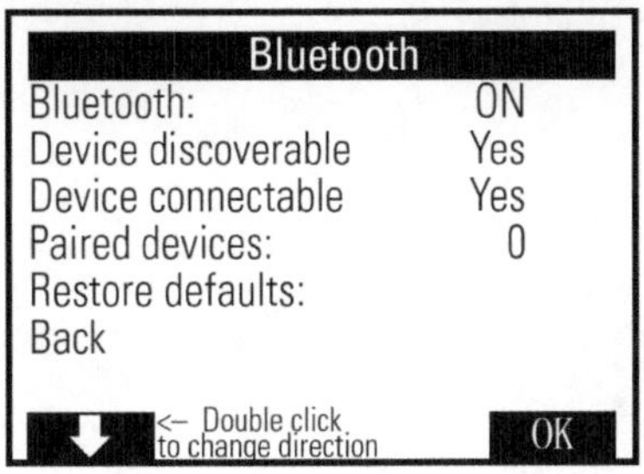
</td><td>Bluetooth：接通或者关闭蓝牙功能
Device discoverable(可发现设备)：识别蓝牙设备
Device connectable(可连接设备)：允许其他设备和控制器进行蓝牙连接
Paired devices(配对的设备)：显示通过蓝牙和控制器连接的设备数
Restore defaults：恢复出厂设置</td></tr>
</table>

4.2　ROBO Pro 软件

ROBO Pro 软件是专门针对 ROBO TX 控制器设计的一款编程软件,为了简化编程过程,ROBO Pro 软件采用图形化编程方法,初学者通过一段时间的学习,就可以掌握编程,实现机器人的自动化控制。

4.2.1 安装 ROBO Pro 软件

安装 ROBO Pro 步骤如图 4-2～图 4-7 所示。打开 ROBO Pro 软件安装文件，双击“Setup”(安装)。

图 4-2 打开 ROBO Pro 安装文件

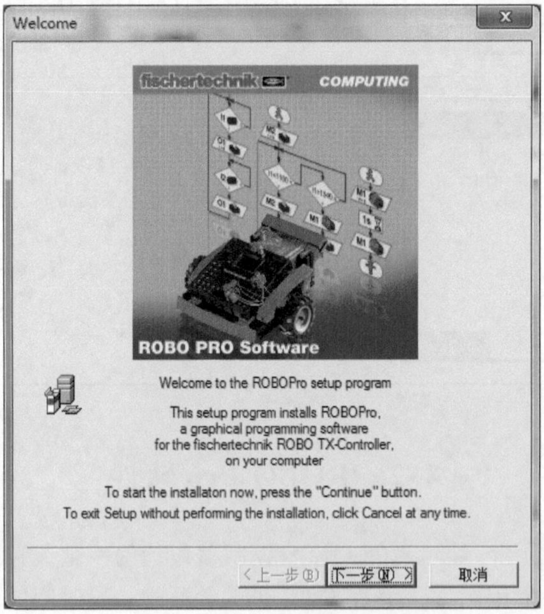

图 4-3 ROBO Pro 软件安装提示

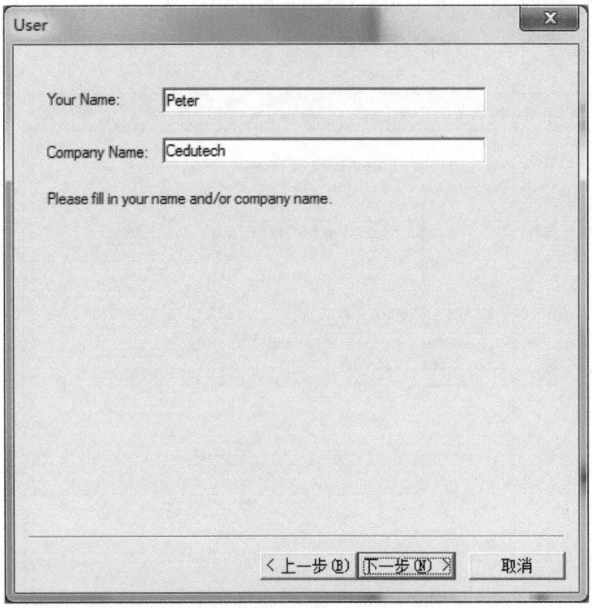

图 4-4　**输入个人信息**

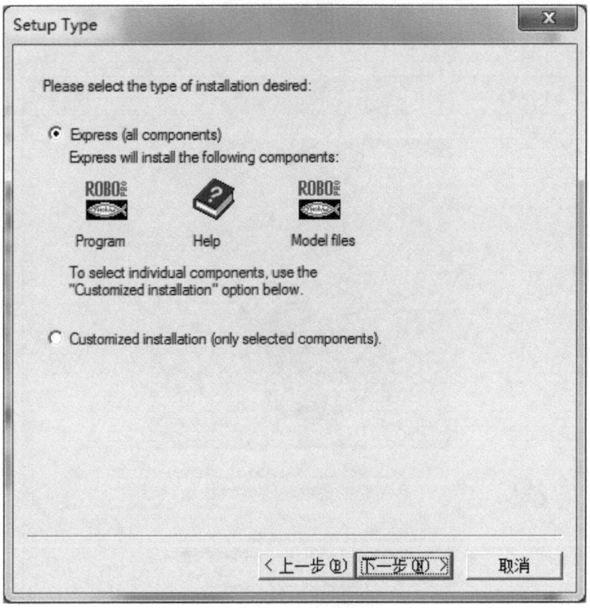

图 4-5　**选择安装内容**

单击选中“Express”单选按钮，单击“下一步”按钮（注：“Express”包括基本的编程软件、软件帮助说明和模型的示例程序）。选中“Only the current user will use the installed software（只有当前用户可以使用该软件）”单选按钮，或者“All users of this system will use the installed software（该计算机系统的所有用户均可以使用该软件）”单选按钮。

如图 4-6 所示，安装路径默认为“C:\Program Files(x86)\ROBOPro”，如需更改，单击“Browse”按钮。单击“下一步”按钮。

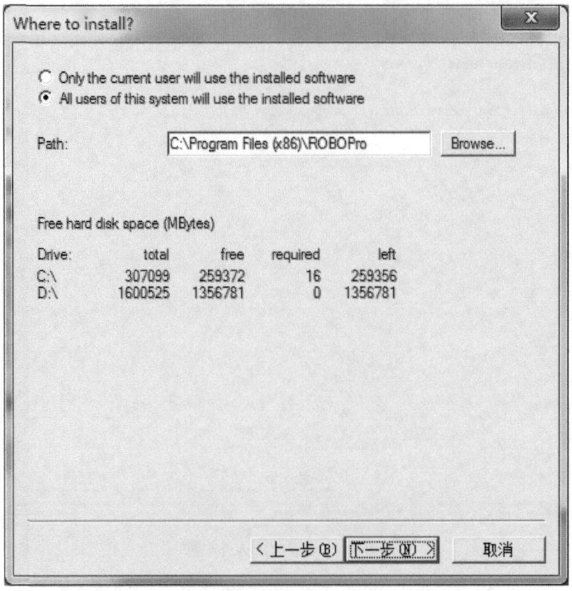

图 4-6　**选择安装路径**

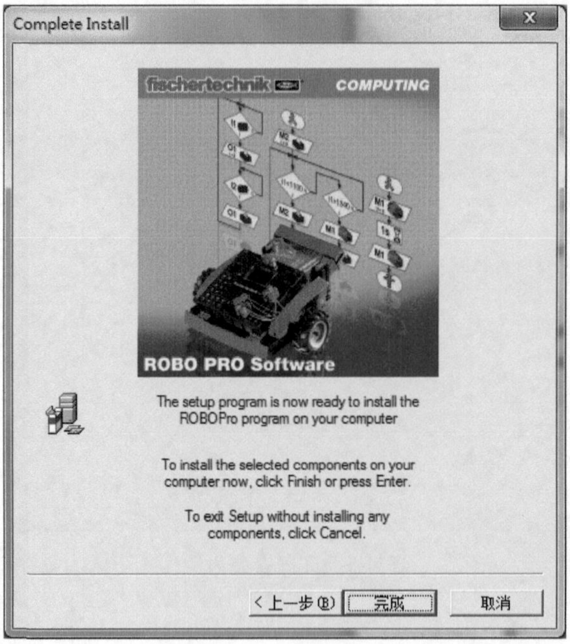

图 4-7　**完成安装**

当安装的软件版本较低时，还需要对程序进行升级。如图 4-8 所示，选择 ROBO Pro 文件夹下的“UpdateROBOPro313”程序，升级步骤与安装方法相同。

图 4-8　**打开 ROBO Pro 升级文件**

4.2.2　安装 ROBO TX 控制器驱动

这里以 Windows 7 系统为例说明 ROBO TX 控制器驱动的安装方法。具体步骤如图 4-9～图 4-12 所示。首先接通 ROBO TX 控制器电源，使用 USB 数据线连接控制器与

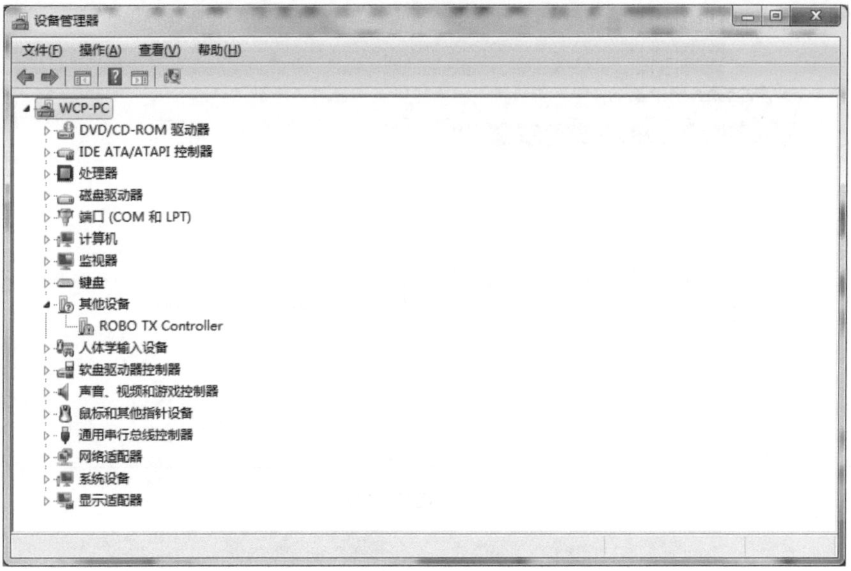

图 4-9　**打开"设备管理器"窗口**

计算机。然后进入“设备管理器”界面，在“其他设备”中出现“ROBO TX Controller”，右击该文件，在弹出的快捷菜单中选择“更新软件驱动程序”命令。

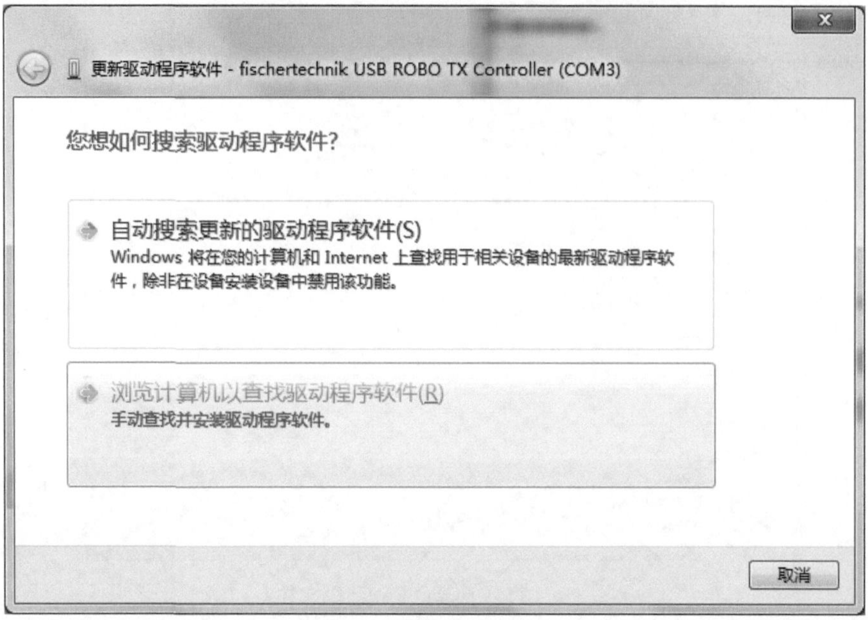

图 4-10　自动搜索安装文件

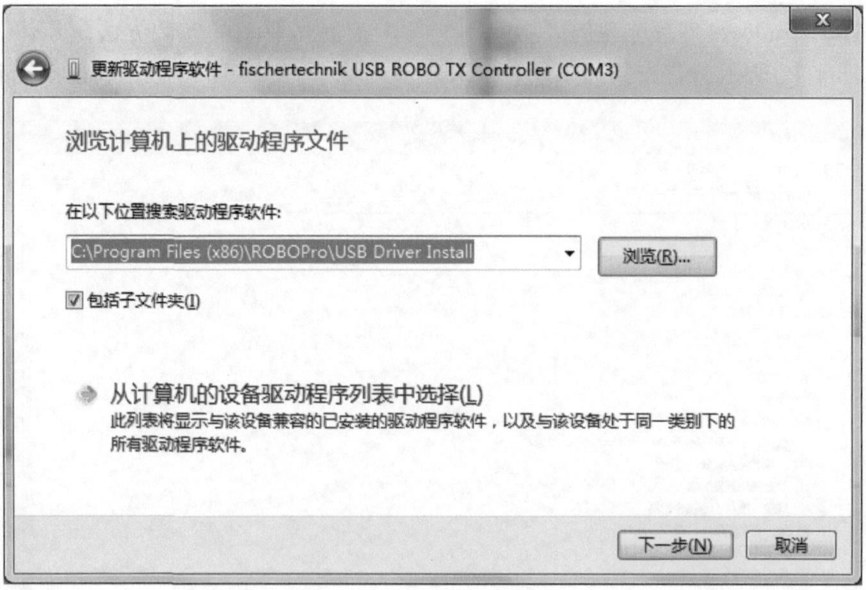

图 4-11　选择安装位置

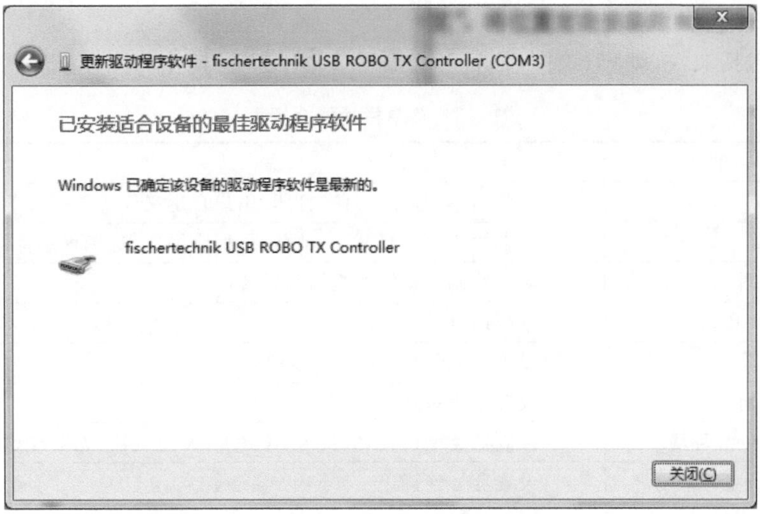

图 4-12　完成 ROBO TX 控制器驱动的安装

4.3　ROBO Pro 软件编程

4.3.1　ROBO Pro 界面介绍

如图 4-13 所示，ROBO Pro 软件界面由菜单栏、工具栏、编程模块栏、编程窗口及状态栏组成。

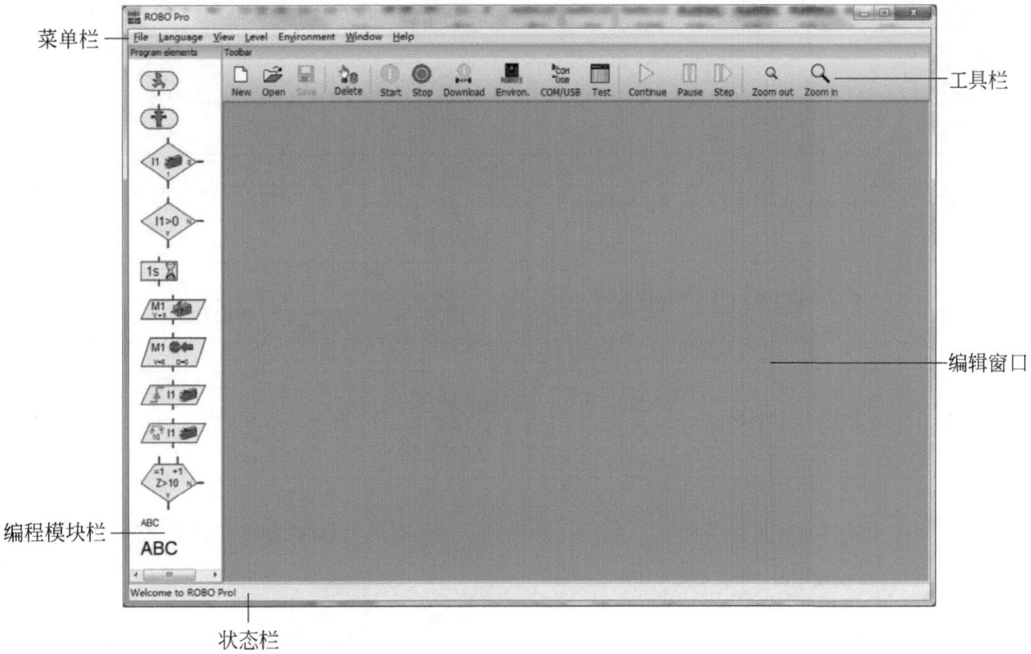

图 4-13　ROBO Pro 软件界面

1. 菜单栏

菜单栏包括文件、编辑、绘图、语言和查看等 10 个选项，具体功能详见表 4-3。

表 4-3 菜单栏功能介绍

菜　单	说　明
File 文件	包含新建、打开、存储、打印、用户自定义库等
Edit 编辑	包含撤销、剪切、复制、粘贴、子程序操作、选择程序备份数量
Draw 绘图	对已绘制连接线的编辑与设置
Language 语言	选择语言
View 查看	设置 Toolbar 工具栏显示状态
Level 级别	设置编程级别，共有 5 个级别
Environment 环境	控制器类型设置，默认为 ROBO TX 控制器，无须改动
Bluetooth 蓝牙	设置蓝牙连接
Window 窗口	设置编程窗口的显示方式
Help 帮助	包括查看软件属性、帮助、访问官网及下载更新

2. 工具栏

工具栏将菜单栏中常用的命令以单独的形式体现出来，如表 4-4 所示。

表 4-4 工具栏介绍

工　具	说　明	工　具	说　明
New	新建一个编程窗口	Start	在联机(ROBO TX 控制器与计算机连接)模式下运行当前程序
Open	打开一个 ROBO Pro 程序	Stop	终止所有运行的程序
Save	保存当前的 ROBO Pro 程序	Download	下载程序，将编写好的程序下载到 ROBO TX 控制器
Delete	删除编程窗口中的编程模块或子程序模块	ROBOTX Environ.	切换控制器编程环境
New sub	新建一个子程序	Bluetooth	设置蓝牙通信
Copy	复制当前子程序	COM USB COM/USB	设置控制器与计算机的连接方式
Delete	删除当前子程序	Test	联机模式下测试控制器端口

续表

工　具	说　　明	工　具	说　　明
Continue	在调试模式下执行程序	Zoom out	缩小编程模块
Pause	在调试模式下暂停程序	Zoom in	放大编程模块
Step	在调试模式下单步执行程序		

3. 编程模块栏

如图 4-14 所示，在 level1（一级）中，编程模块栏只显示最基本的模块，在 level2（二级）及以上级别中，编程模块栏分栏显示，上部为编程模块组，下部为编程模块。

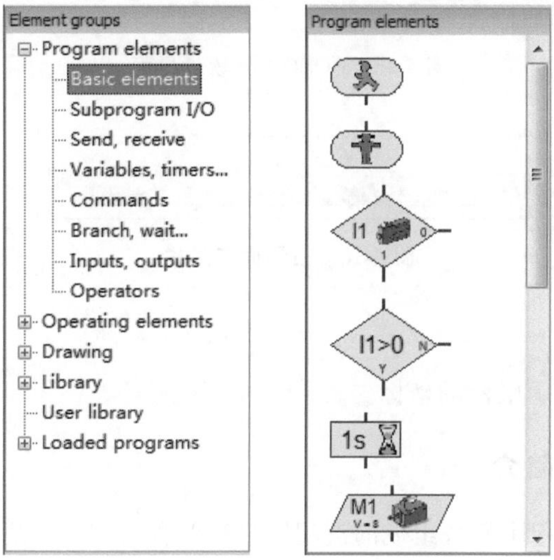

图 4-14　**编程模块组与编程模块**

4. 编程窗口

如图 4-15 所示，打开 ROBO Pro 软件时，创建一个新文件。

如图 4-16 所示，编程窗口上方出现“Main program”界面，具体功能详见表 4-5。

表 4-5　**编程窗口功能介绍**

选 项 标 签	说　　明	选 项 标 签	说　　明
Function（功能）	主程序显示区域	TX Display（显示屏）	编辑控制器显示屏的区域
Symbol（符号）	子程序被引用时的符号	Properties（属性）	设置主程序或子程序属性
Panel（面板）	控制面板绘制区域	Description（描述）	描述程序的功能

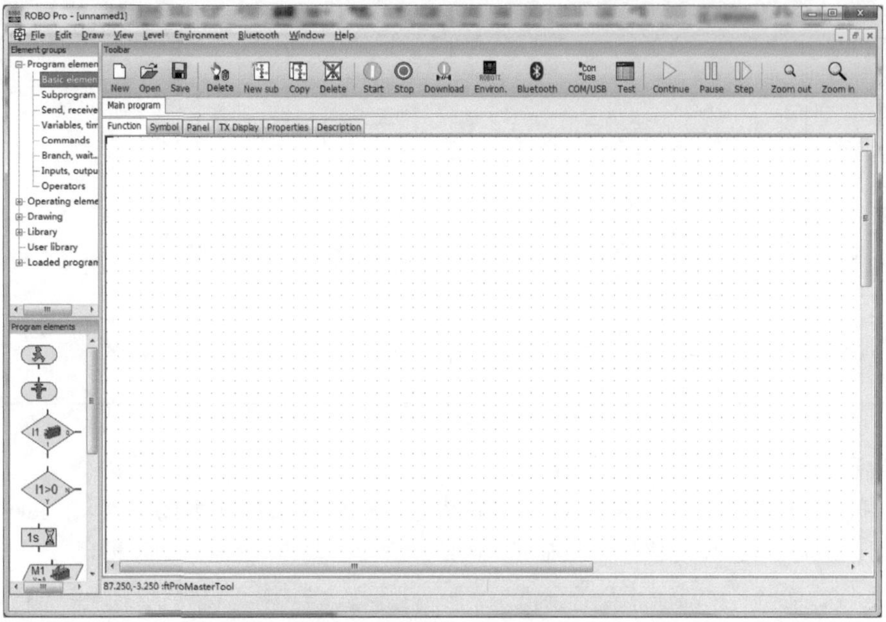

图 4-15　**ROBO Pro 软件界面**

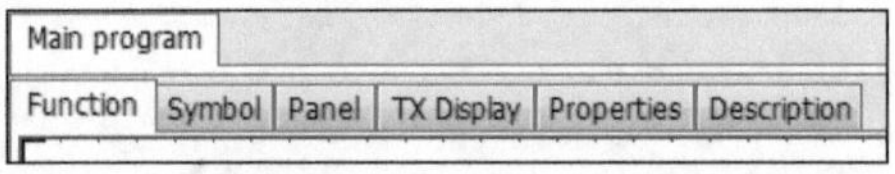

图 4-16　**主界面工具栏**

5. 状态栏

状态栏可以实时显示鼠标的坐标。

4.3.2　流程图简介

ROBO Pro 软件采用了模块组成的流程图进行编程，流程图是图像化的逻辑算法，使用简单的几何符号和箭头表达事物之间的逻辑关系。

这里介绍几种常用的流程图符号，并在接下来的章节中，通过对 ROBO Pro 软件中的命令模块的学习加强对流程图的理解，详见表 4-6。

表 4-6　**流程图图标介绍**

名　　称	图　　示	ROBO Pro 图标	说　　明
Terminator（终端模块）	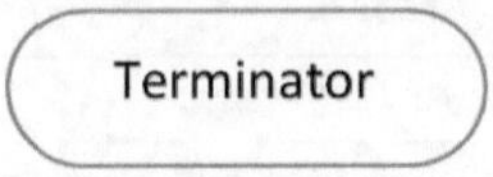		程序的起始或结束模块
Process Block（进程模块）	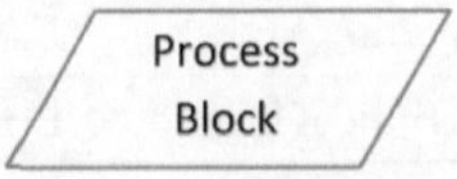		代表发生的进程，如启动电动机、打开电灯、读取数值等

续表

名　　称	图　　示	ROBO Pro 图标	说　　明
Decision Block（判断模块）	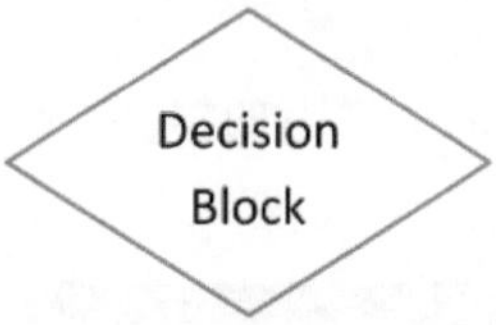	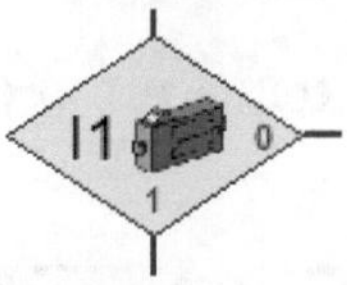	比较变量数值或开关位置后，将程序分为不同分支
Data Block（数据模块）			变量赋值或者延时
Flow Lines（流线）	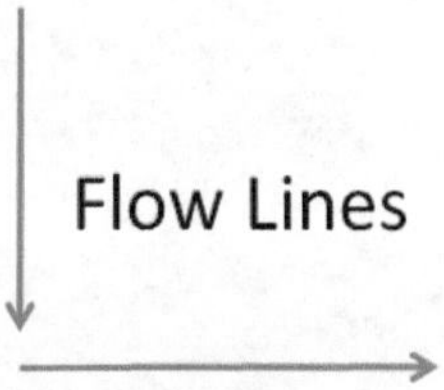	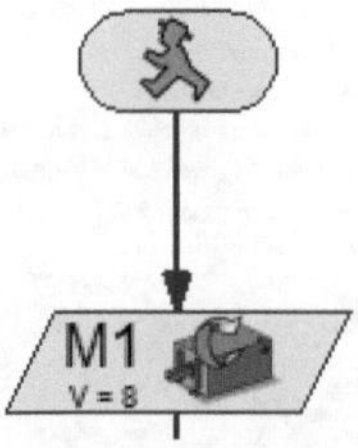	展示各模块的逻辑顺序

图 4-17 所示为 Mike 1 周的生活记录，请同学们仔细阅读流程图并回答问题。

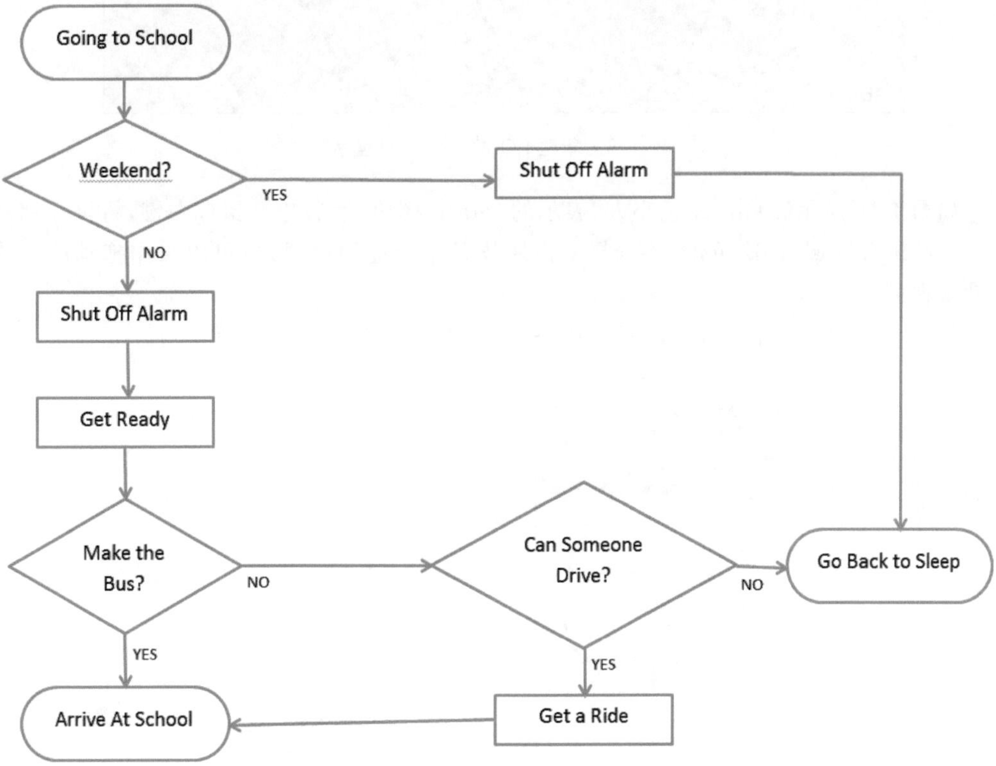

图 4-17 **流程图**

请问 Mike 每天早晨做些什么？周一到周五早晨错过公交车他怎么办？

4.3.3 ROBO Pro 编程方法

如图 4-18 所示，打开 ROBO Pro 软件，单击菜单栏上的“File”选项，选择“New”（新建）命令。

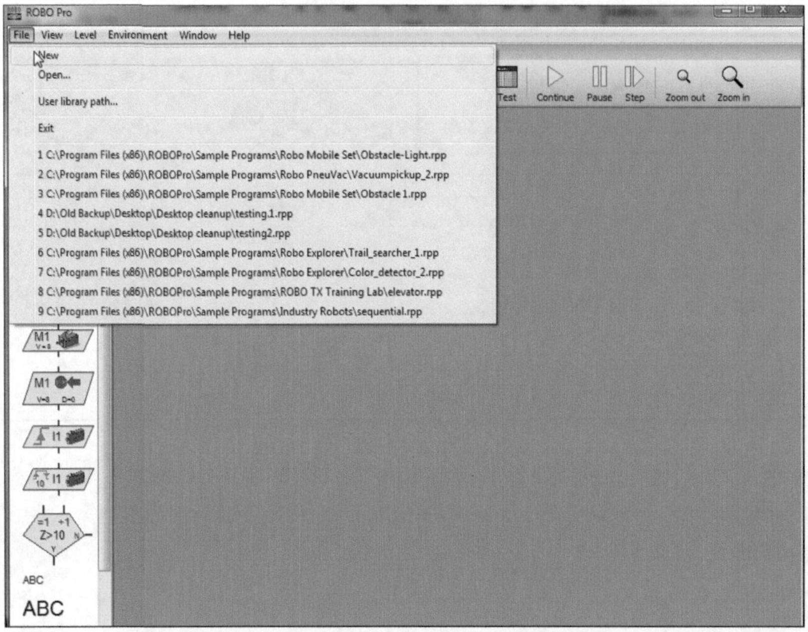

图 4-18 新建 ROBO Pro 控制程序

如图 4-19 所示，单击“绿色小人”表示的“Start”模块，然后松开鼠标左键，将鼠标移动到空白的编程区域，再次单击，将选择的模块放置于合适的位置；也可以采用拖动的方式移动编程模块。

如图 4-20 所示，将“Wait”（等待）和“Stop”（结束）模块拖动到编程窗口。

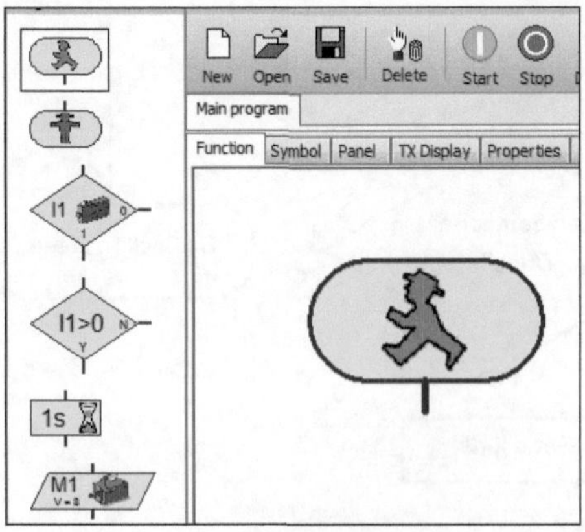

图 4-19 开始模块

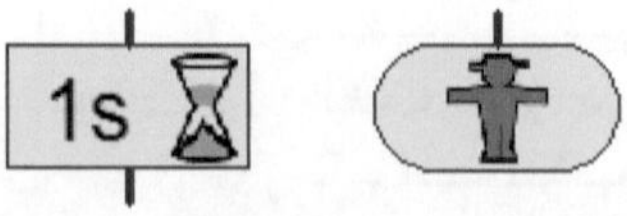

图 4-20 等待模块和结束模块

如图 4-21 所示，将鼠标放到开始模块的流线出口，光标变成小手形状，单击并移动鼠标就可以拖动流线的箭头。如果编写有错误，可以选择需要删除的流线，单击“Delete”按钮。

如图 4-22 所示，右击“Wait”模块，弹出快捷菜单，选择“属性”命令，出现“属性”对话框，在“Time”(时间)栏中填入“10”，“Time unit”(时间单位)设置为“1s”，单击“OK”按钮，完成 10s 等待命令的设置。

图 4-21　**连接命令模块**

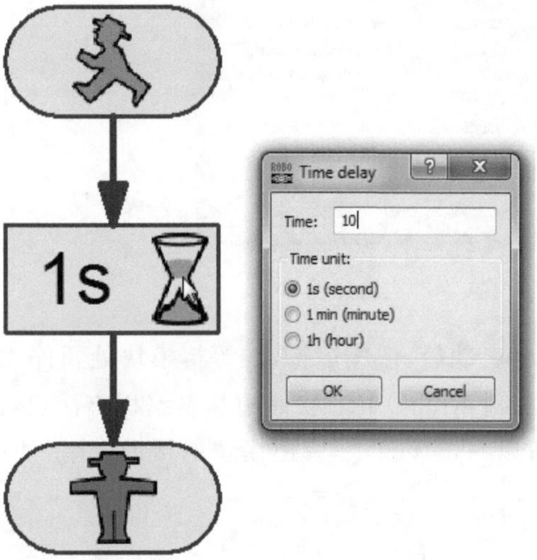

图 4-22　**设置等待模块**

注意：开始和结束模块的属性无须更改，使用默认设置。

如图 4-23 所示，这个简单的程序基本编写完成，可以编辑几个注释来说明各模块的功能。选择“Drawing functions”(功能描述)模块，绘图功能只能使用字母、数字及一些常用符号描述。

如图 4-24 所示，分别描述“Start”、“Wait”和“End”(结束)模块功能。

图 4-23　**功能描述模块**

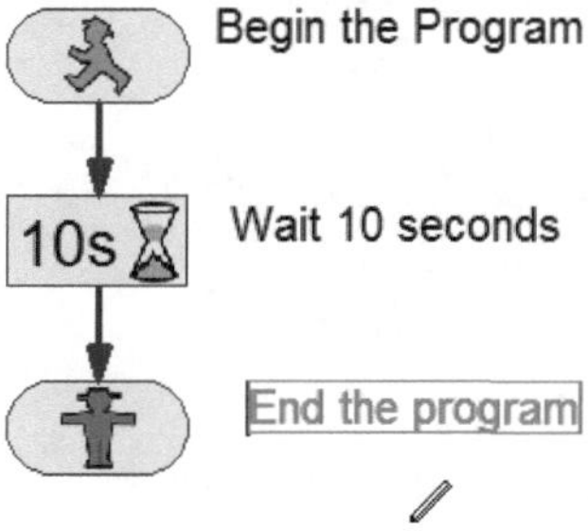

图 4-24　**描述程序功能**

如图 4-25 所示，单击工具栏上的“COM/USB”按钮，测试这个简单的程序。在“Port”(接口)栏中，选择“Simulation”(模拟)单选按钮，其余选项不变，单击“OK”按钮。

如图 4-26 所示，单击工具栏上的“Start”按钮，可以在没有连接控制器的情况下，模拟运行这个简单的程序。

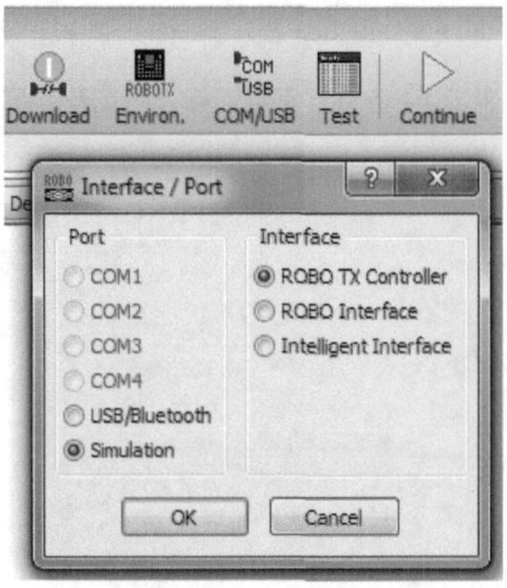

图 4-25　**选择接口**

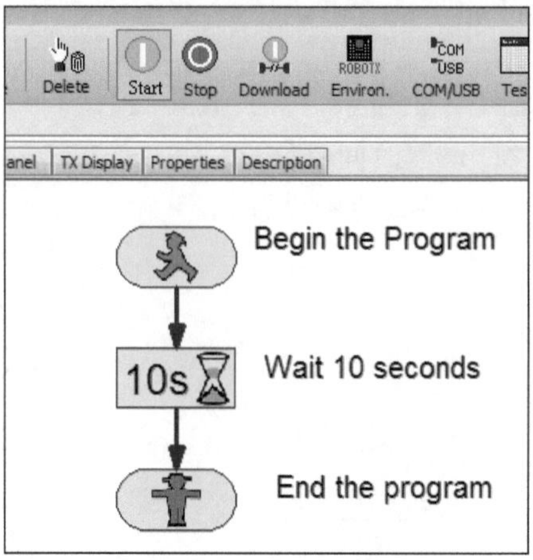

图 4-26　**启动程序**

程序启动后，依次运行，在等待模块处暂停 10s，然后程序结束。

现在对 ROBO Pro 软件的基本编程方法已经有了一个初步的认识，对于复杂的编程模块，可以右击该模块，弹出模块的帮助指南，如图 4-27 所示。

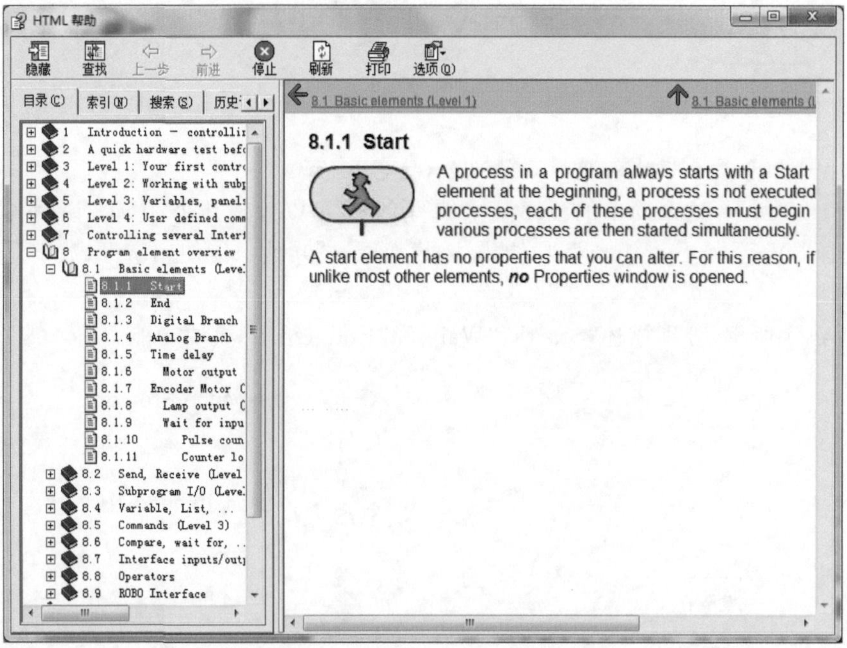

图 4-27　**ROBO Pro 软件帮助文件**

第 5 章　机器人编程设计

5.1　数字量判断模块

图 5-1 所示的 3 个图标显示了常用的 3 种数字量传感器，即微动开关、光敏晶体管和轨迹传感器。传感器与 ROBO TX 控制器的输入端口 I1～I8 连接，只能输出“0”或“1”的数字信号。

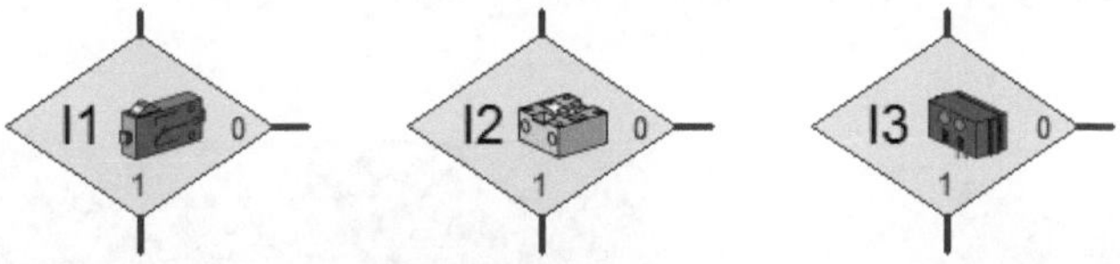

图 5-1　**数字量判断模块**

右击“Digital branch”(数字量判断)模块，弹出设置属性的对话框，如图 5-2 所示，具体设置方法详见表 5-1。

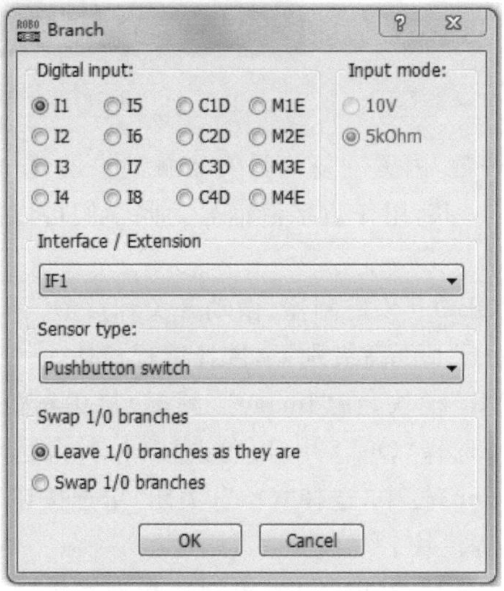

图 5-2　**设置数字量判断模块**

表 5-1 **数字量判断模块设置说明**

选项标签	说　明
Digital input(数字量输入)	选择传感器与 ROBO TX 控制器连接的端口 I1～I8，也可以是 C1～C4 端口(C1 端口有 C1D 和 M1E 两种形式，这里使用的是 C1D～C4D)
Input mode(输入类型)	输入类型与传感器类型(Sensor type)一致，无须修改
Interface/Extension(主控制板/扩展板)	选择连接传感器的控制器属性(主控板或扩展板)，IF1 代表主控制板，EM1～EM8 代表扩展板
Sensor type(传感器类型)	选择连接的传感器类型
Swap 1/0 branches(改变 1/0 出口位置)	根据程序的流线改变或者不变

5.1.1 微动开关

如图 5-3 所示，微动开关是用于控制电路通、断的电子器件。

如图 5-4 所示，微动开关有 1、2 和 3 这 3 个导线接口，其中 1 与 2 为常闭接触，1 与 3 为常开接触。

图 5-3 **微动开关**

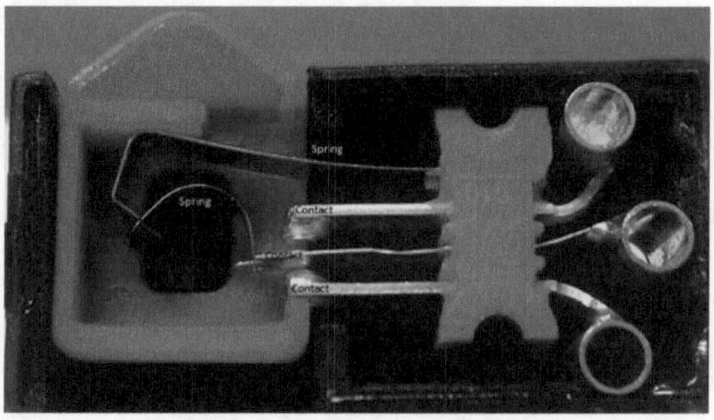

图 5-4 **接触开关内结构**

左侧红色部分为触动按键，内置的复位弹簧使触动按键复位。微动开关接入 ROBO TX 控制器的通用输入端 I1～I8，用作数字量信号。同学们可以按照下面提示，编写微动开关的控制程序。

如图 5-5 所示，连接 ROBO TX 控制器、微动开关和灯泡。

如图 5-6 所示，在“level1”或更高级别下，选择编程模块。

如图 5-7 所示，右击“M1”模块，在“Image”(图标)栏中，选择“Lamp”(灯泡)单选按钮；在“Action”(动作)栏中，选择“On”(开启)单选按钮，其余选项不变。另一个“M1”模块设置基本相同，仅在“Action”栏中，选择“Off”(关闭)单选按钮。

如图 5-8 所示，连接编程模块。

接着，使用 USB 数据线连接 ROBO TX 控制器和计算机，接通 ROBO TX 控制器电源。如图 5-9 和图 5-10 所示，单击 COM/USB 按钮，设置 ROBO TX 控制器的“Connection type”(连接类型)为 USB 连接。

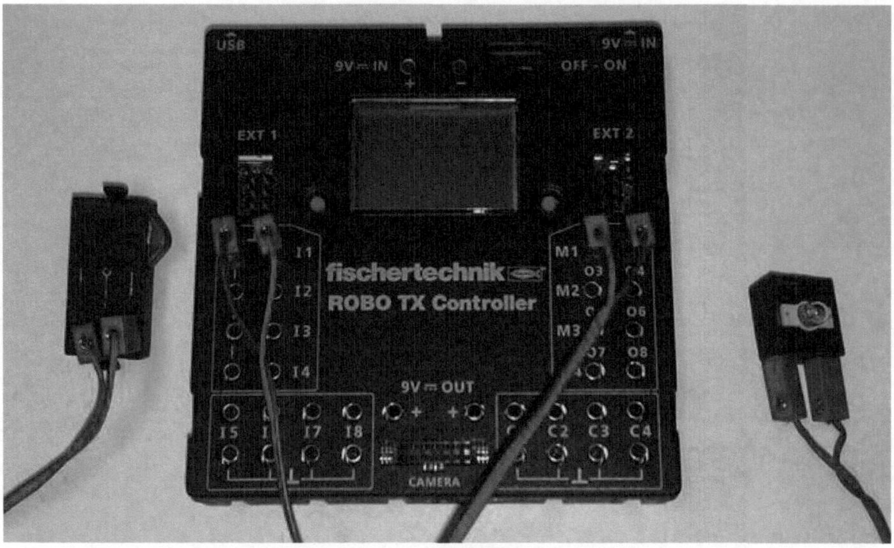

图 5-5　连接接触开关

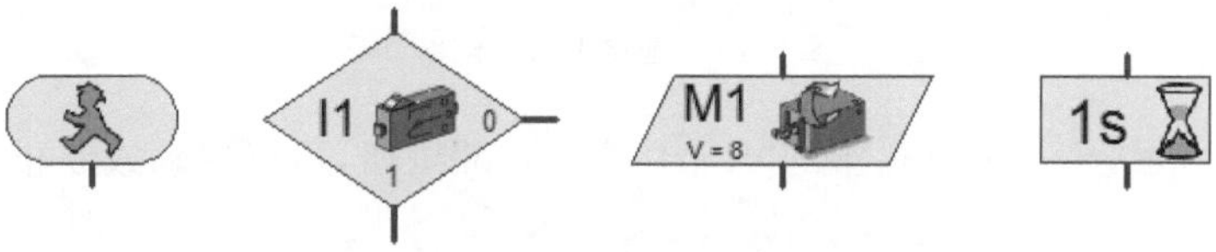

图 5-6　选择编程模块

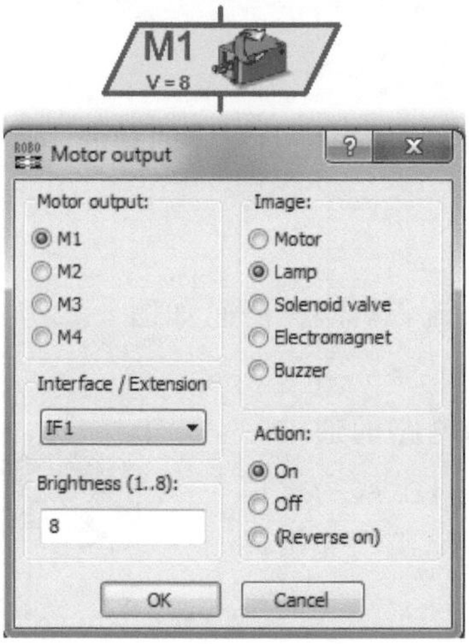

图 5-7　设置 M1 命令模块

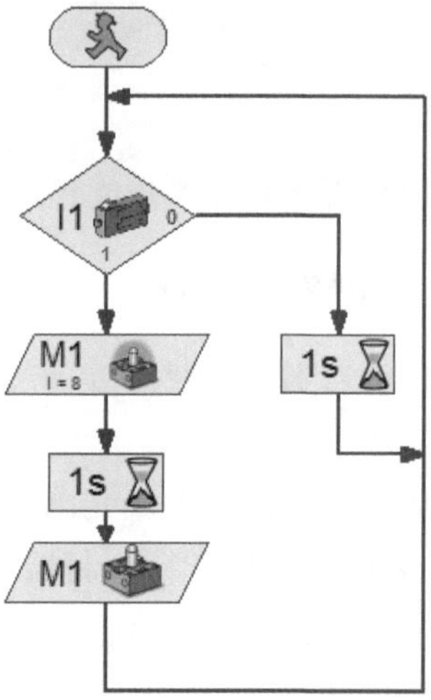

图 5-8　接触开关控制程序

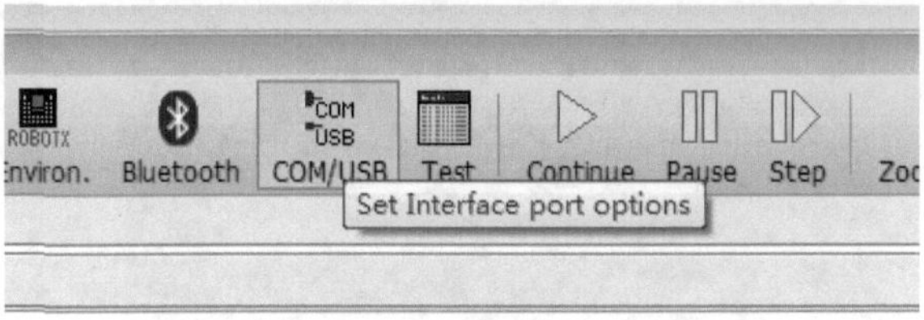

图 5-9　**设置连接方式**

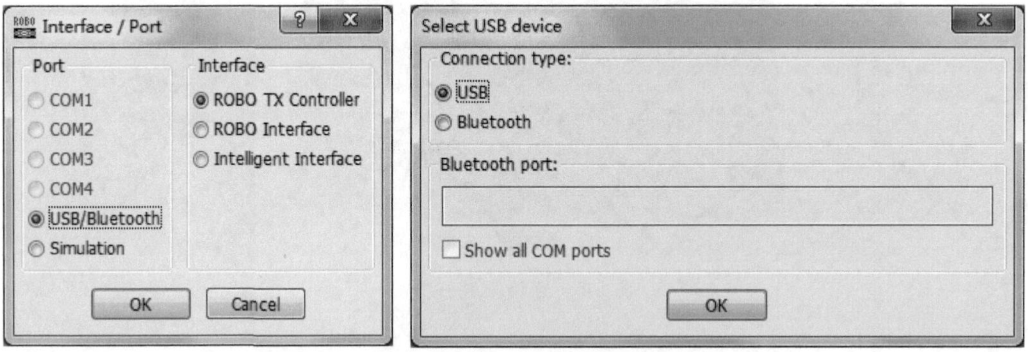

图 5-10　**选择 USB 连接**

如图 5-11 所示，单击工具栏中的“Start”或“Stop”按钮，可以启动或停止程序。

图 5-11　**启动按钮**

请同学们分析接触开关控制程序，并根据实际运行情况说明程序的功能。

5.1.2　光敏晶体管

光敏晶体管遇到光源照射后，正、负极产生电子流，晶体管导通，如图 5-12 所示，红色一端为正极。

光敏晶体管与透镜灯组成光电开关，也能控制电路的通、断。晶体管正极接入 ROBO TX 控制器 I1～I8 端口，用作数字量信号，负极与接地极连接。同学们可以按照下面的提示，编写光敏晶体管的控制程序。

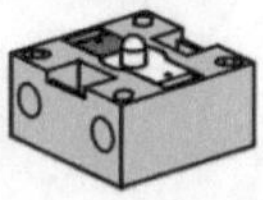

图 5-12　**光敏晶体管**

如图 5-13 所示，准备一个 ROBO TX 控制器、一个光敏晶体管、一个透镜灯及一个普通灯泡，透镜灯与 M2 端口连接，为光敏晶体管提供光源。

如图 5-14 所示，在“level1”或更高级别中，选择编程模块。

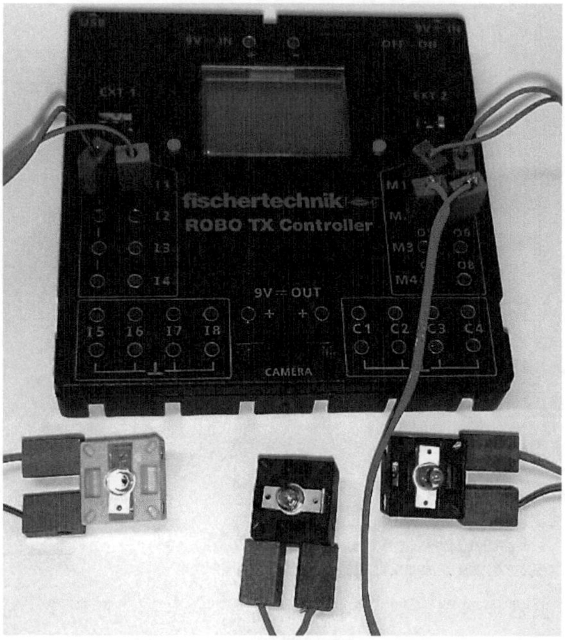

图 5-13　**连接光敏晶体管**

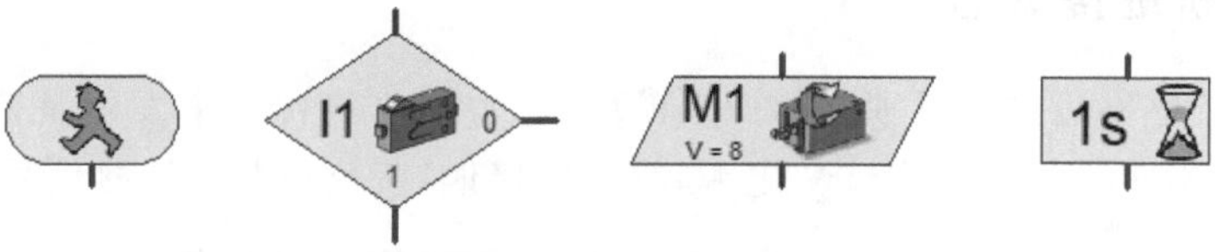

图 5-14　**选择编程模块**

如图 5-15 所示，右击“M1”模块，在“Image”栏中选中“Lamp”单选按钮；在“Action”栏中，选择“On”单选按钮，其余选项不变。另一个 M1 模块设置基本与此相同，仅在“Action”栏中，选中“Off”单选按钮。

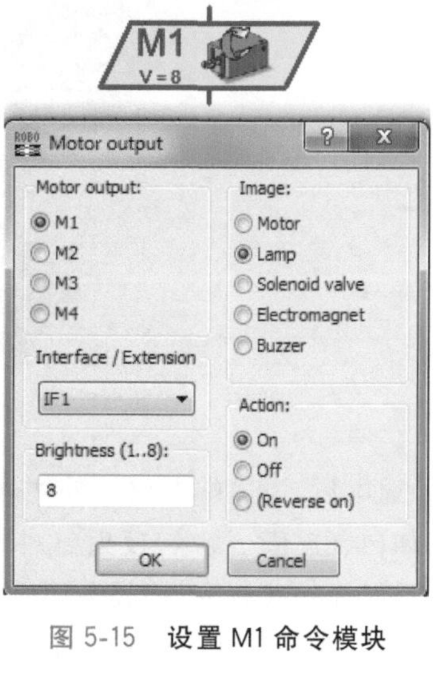

图 5-15　**设置 M1 命令模块**

如图 5-16 所示，在“Sensor type”下拉列表框中选择“Phototransistor”（光敏晶体管）选项，其他设置不变。

如图 5-17 所示，设置完成后，连接编程模块。

如图 5-9 和图 5-10 所示，使用 USB 数据线连接 ROBO TX 控制器和计算机，接通 ROBO TX 控制器电源，打开开关。单击工具栏中的“COM/USB”按钮，设置 ROBO TX 控制器的“Connection type”为 USB 连接。

如图 5-11 所示，单击工具栏中的“Start”或“Stop”按钮，可以启动或停止程序。

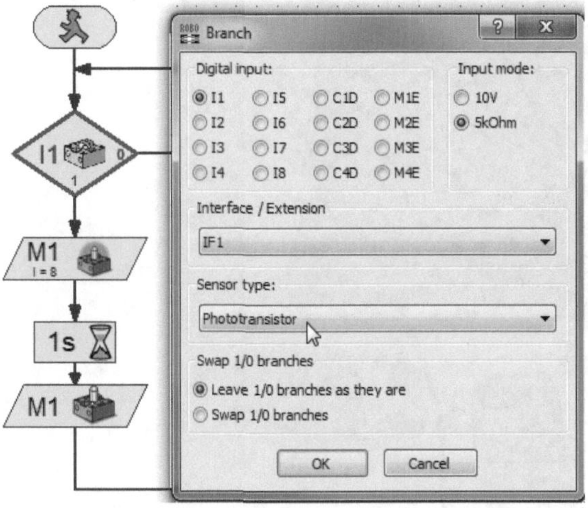

图 5-16　**设置传感器类型**

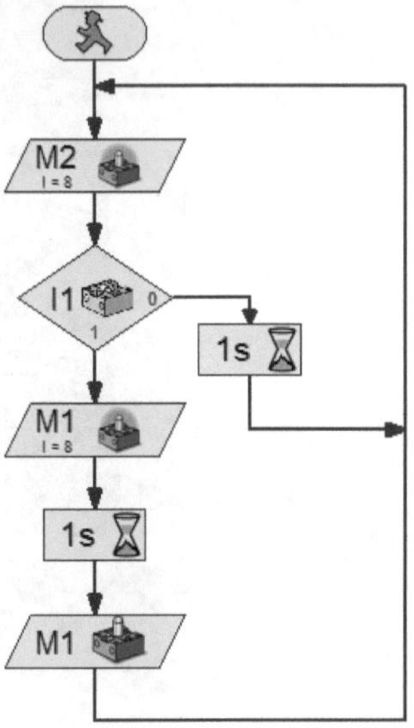

图 5-17　**光敏晶体管控制程序**

请同学们分析光敏晶体管控制程序，想想生活中有哪些机械用到这个程序。

5.1.3　轨迹传感器

红外轨迹传感器包含两组独立的识别模块，每个模块包含一个发射装置和一个接收装置。如图 5-18 所示，红色线接 9V 电源，绿色线接地，蓝色与黄色线接信号端。

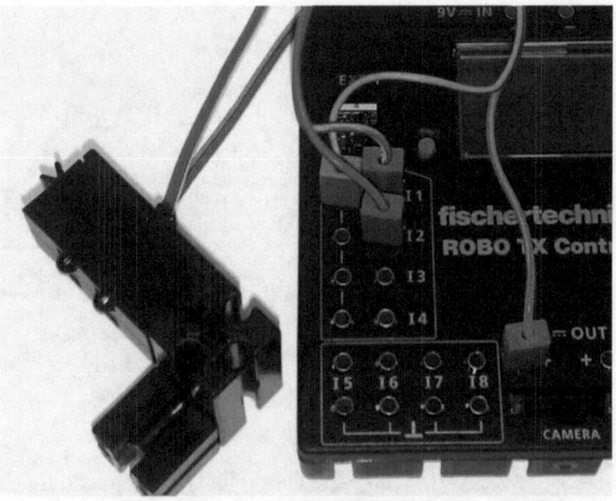

图 5-18　**轨迹传感器连接方法**

通电后，发射端发出红外线，红外线遇到物体反射，接收端接收反射回来的红外线，浅色（如白、红、黄、浅绿）反射红外线较多，传感器识别的返回值为“1”；深色（如黑、蓝、紫、灰）反射红外线较少，接收端识别不到反射信号，传感器识别的返回值为“0”。轨迹传感器测量范围为 5～30mm，最佳使用距离为 15mm。同学们可以按照下面的提示，编写轨迹传感器的控制程序。

如图 5-19 所示为固定轨迹传感器，在白纸上贴一段黑色胶带，将传感器识别端向下。

如图 5-20 所示，将两个灯泡固定在结构件上，分别连接到 ROBO TX 控制器的 M1 和 M2 端口。

图 5-19 **固定轨迹传感器**

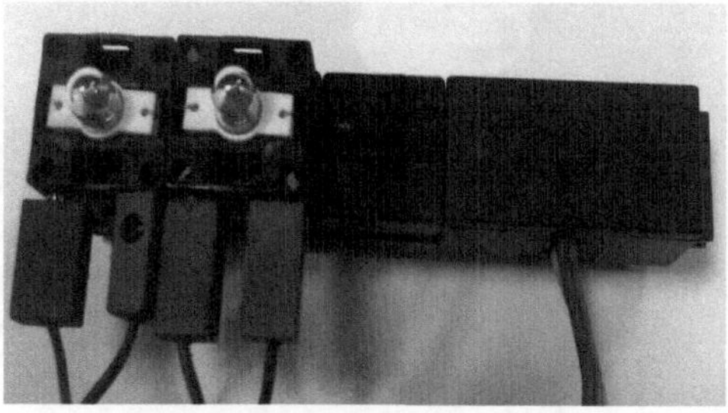

图 5-20 **连接轨迹传感器**

如图 5-21 所示，在“level1”或更高级别，编写程序。

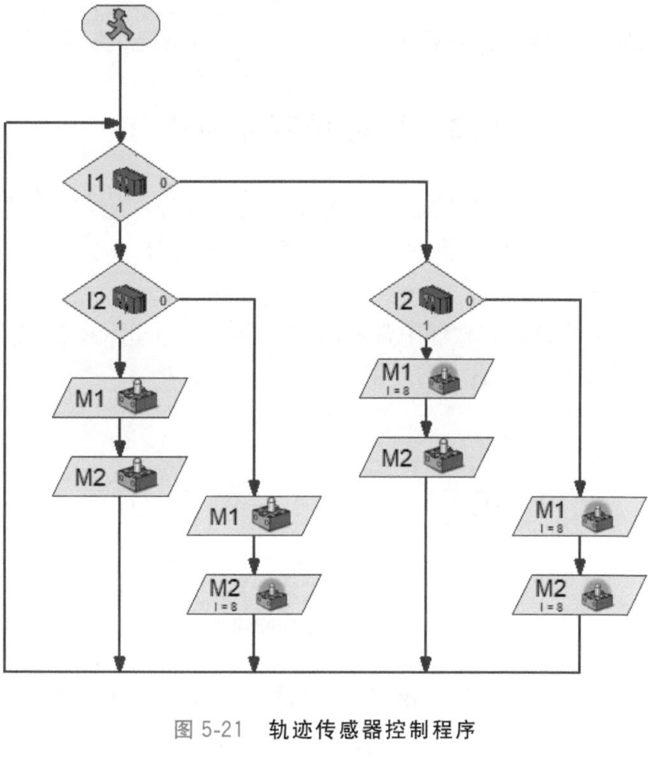

图 5-21 **轨迹传感器控制程序**

如图 5-22 所示，在“Sensor type”下拉列表框中选择“Trail sensor”(轨迹传感器)选项，其他设置不变。

如图 5-9 和图 5-10 所示，使用 USB 数据线连接 ROBO TX 控制器和计算机，接通 ROBO TX 控制器电源，打开开关。单击工具栏中的 COM/USB 按钮，设置 ROBO TX 控制器的“Connection type”(连接类型)为 USB 连接。

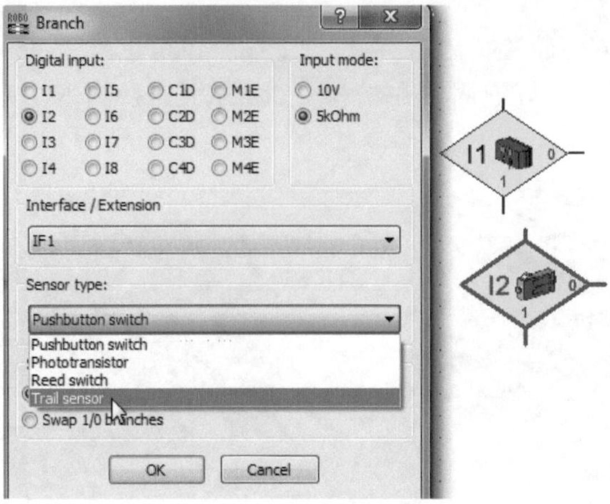

图 5-22　**选择轨迹传感器**

如图 5-11 所示，单击工具栏中的“Start”（开始）或“Stop”（停止）按钮，可以启动或停止程序。

请同学们分析轨迹传感器控制程序，并根据实际运行情况说明程序的功能。

5.2　模拟量判断模块

生活不是一成不变的，多数时候是一个连续变化的过程。例如，需要温度传感器、光敏传感器、颜色传感器和距离传感器获得周围环境的温度、光、声音和距离等信号，通过分析这些数据来做出决策。

如图 5-23 所示，ROBO Pro 软件中常用的“Analog branch”（模拟量判断）模块，传感器连接到 ROBO TX 控制器的输入端口 I1～I8。

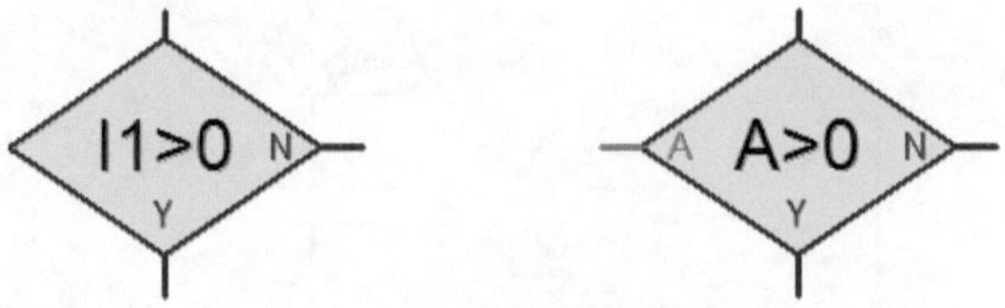

图 5-23　**模拟量判断模块**

如图 5-24 所示，右击模拟量判断模块，弹出设置对话框，设置方法详见表 5-2。

表 5-2　**模拟量判断模块设置说明**

选项标签	说　　明
Analog input（模拟量输入）	传感器与 ROBO TX 控制器 I1～I8 端口连接
Input mode（输入类型）	输入类型与传感器类型一致，无须修改
Interface/Extension（主控制板/扩展板）	选择连接传感器的控制器属性（主控板或扩展板），IF1 代表主控制板，EM1～EM8 代表扩展板

续表

选 项 标 签	说　　明
Sensor type(传感器类型)	选择传感器类型
Condition(判断条件)	判断方法“＞”、“＞＝”、“＝”、“＜＝”、“＜”、“＜＞不等于”,参考窗口的输入值
Swap Y/N branches(改变 Y/N 出口位置)	根据程序的流线选择改变或者不变

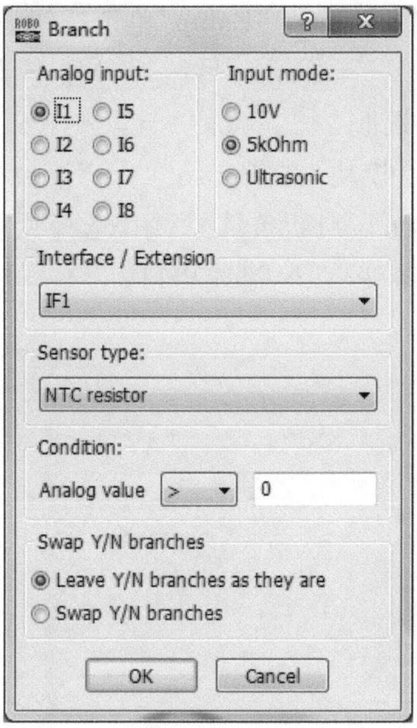

图 5-24　**设置模拟量判断模块**

5.2.1　温度传感器

如图 5-25 所示,温度传感器是一种负温度系数(Negative Temperature Coefficient)电阻,从名称上就可以看出,阻值随着环境温度升高而减小。同学们可以按照下面的提示,编写温度传感器的控制程序。

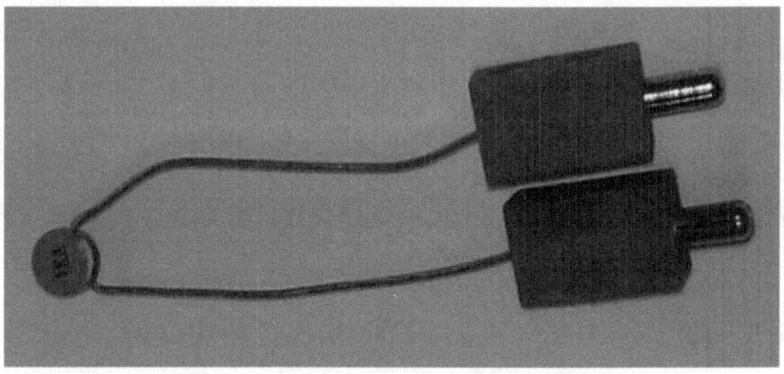

图 5-25　**温度传感器**

首先,准备一个 ROBO TX 控制器、一个温度传感器、一个灯泡。温度传感器与 I1 端口连接,灯泡与 M1 端口连接。

如图 5-26 所示，打开 ROBO Pro 软件，选择编程模块。

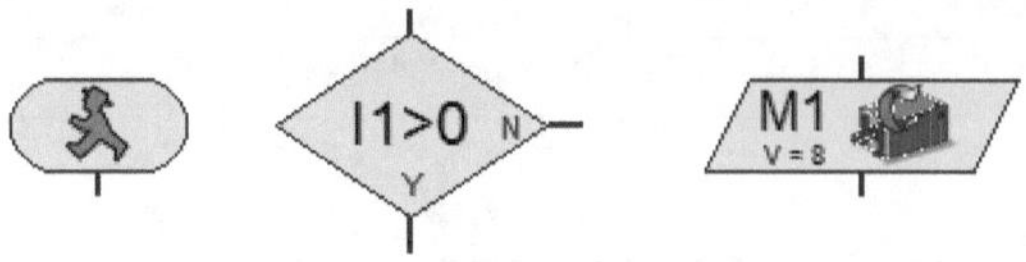

图 5-26　**选择编程模块**

右击 M1 模块，在“Image”栏中，选中“Lamp”单选按钮；在“Action”栏中，选中“On”单选按钮，其余选项不变，如图 5-27 所示。另一个 M1 模块设置基本与此相同，仅在“Action”栏中，选中“Off”单选按钮。

如图 5-28 所示，右击模拟量模块，在“Sensor type”下拉列表框中选择“NTC resistor”（负温度电阻）选项，在“Condition”（判断条件）栏中，选择比较方式“＞”，数值依次设置为 1150、1250、1350 和 1425，最后改变 Y/N 流线出口。

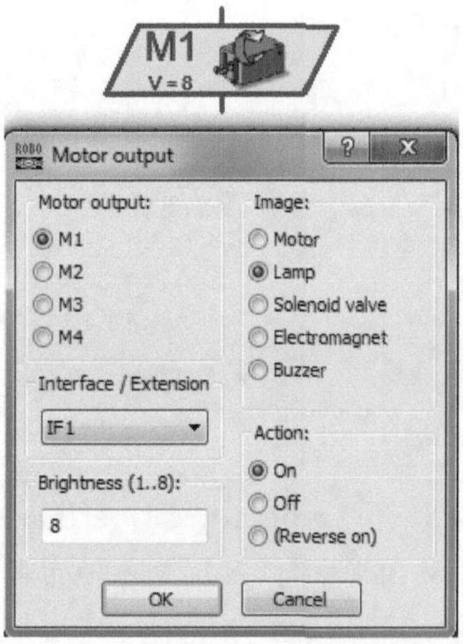

图 5-27　**设置 M1 命令模块**

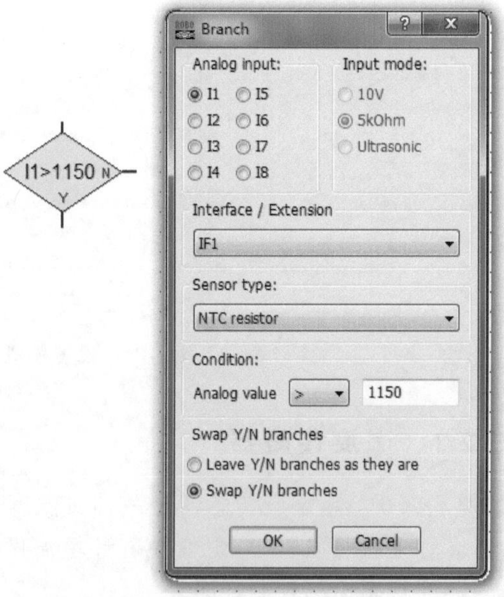

图 5-28　**设置温度传感器**

如图 5-29 所示，设置完模块功能后，连接编程模块。

如图 5-9 和图 5-10 所示，使用 USB 数据线连接 ROBO TX 控制器和计算机，接通 ROBO TX 控制器电源，打开开关。单击工具栏中的“COM/USB”按钮，设置 ROBO TX 控制器的“Connection type”为 USB 连接。

如图 5-11 所示，单击工具栏中的“Start”或“Stop”按钮，可以启动或停止程序。

实验过程中，同学们可以用手捏住热敏电阻一段时间，然后松开，观察灯泡亮度的变化情况，实验完成后单击工具栏中的“Stop”按钮，停止程序。

上述实验中，灯泡亮度随着室温的变化而变化，但是却不知道室温的实时温度值。在后面的内容中，同学们可以利用“变量”编写温度转换公式，实时显示室内温度。

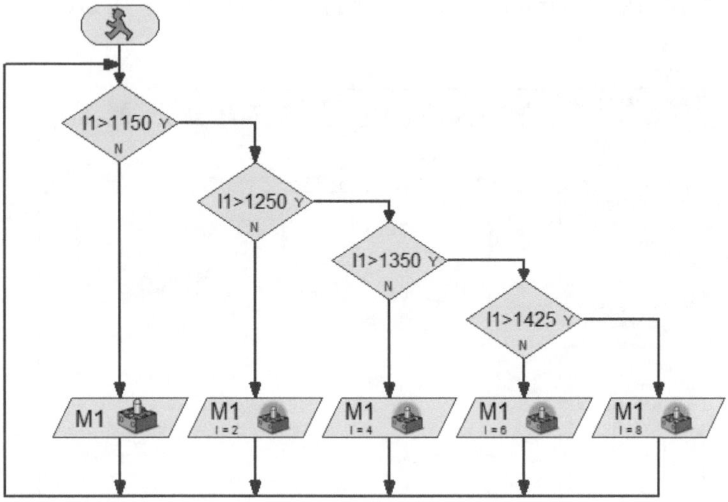

图 5-29　**温度传感器控制程序**

5.2.2　光敏传感器

如图 5-30 所示，光敏传感器是一种电阻值随外界光照而改变的电子元件，阻值随外界光照强度增大而变小。同学们可以按照下面的提示，编写光敏传感器的控制程序。

如图 5-31 所示，准备一个 ROBO TX 控制器、一个光敏电阻、一个灯泡，光敏传感器与 I1 端口连接，灯泡与 M1 端口连接，白纸上贴一段黑色电工胶带。

图 5-30　**光敏传感器**

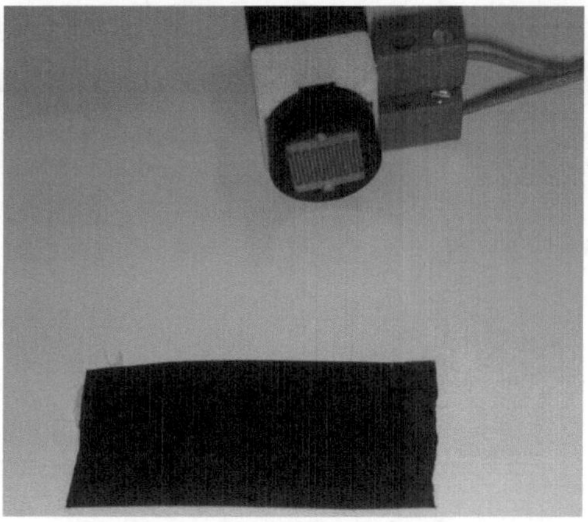

图 5-31　**连接光敏传感器**

如图 5-32 所示，打开 ROBO Pro 软件，在"level3"(三级)或更高级别下选择编程模块。

图 5-32　**选择编程模块**

如图 5-33 所示，在“Program elements”（编程模块）中，选择“Universal input”（通用输入）模块。

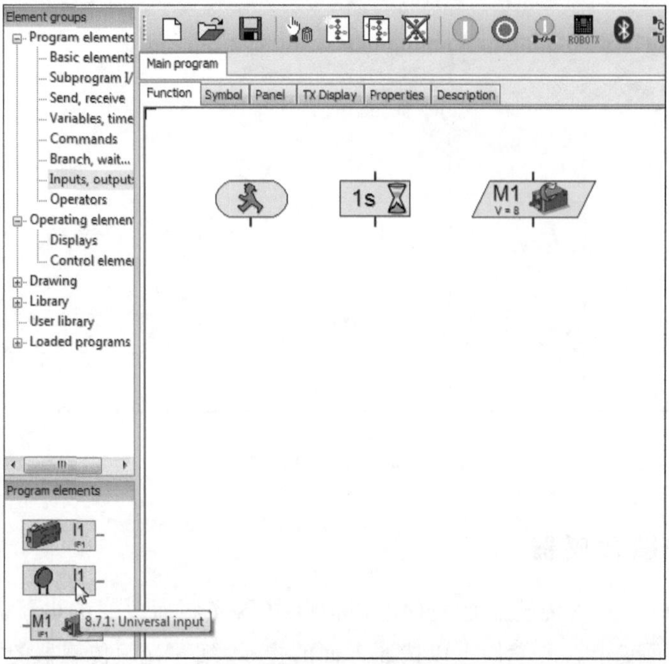

图 5-33 选择输入模块

如图 5-34 所示，右击输入模块，在“Sensor type”中，选择“Photoresistor”（光敏电阻）；在“Program elements”（操作模块）中，选择“Text display”（文本显示）模块。

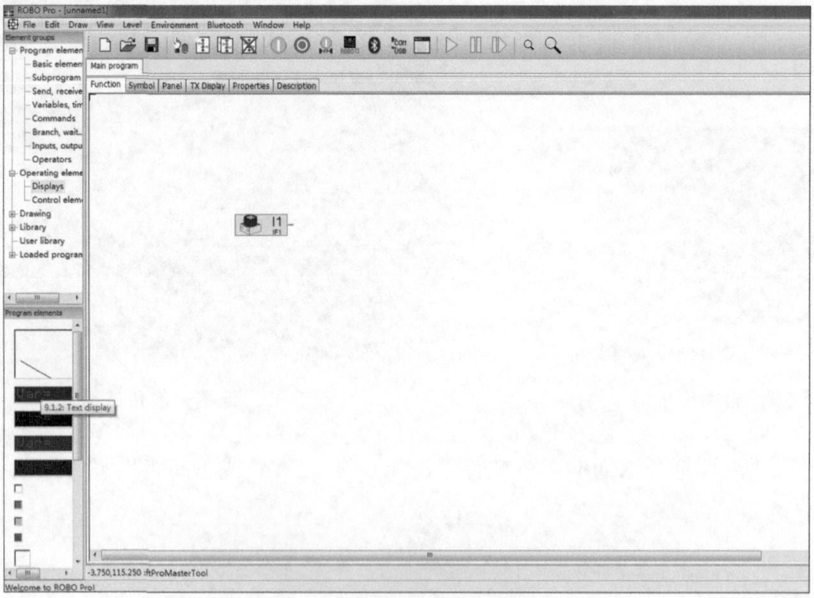

图 5-34 选择文本显示模块

如图 5-35 所示，右击显示模块，在弹出的快捷菜单中选择相应命令，弹出对话框，从中设置模块属性。

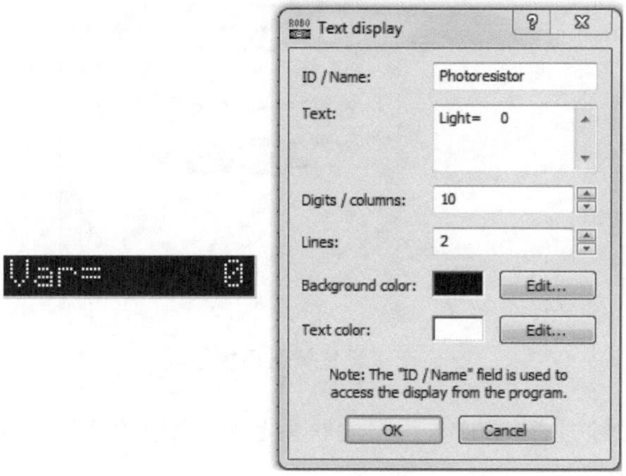

图 5-35 设置文本显示模块

如图 5-36 所示，在“Program elements”中，选择“Panel output”(输出面板)模块。

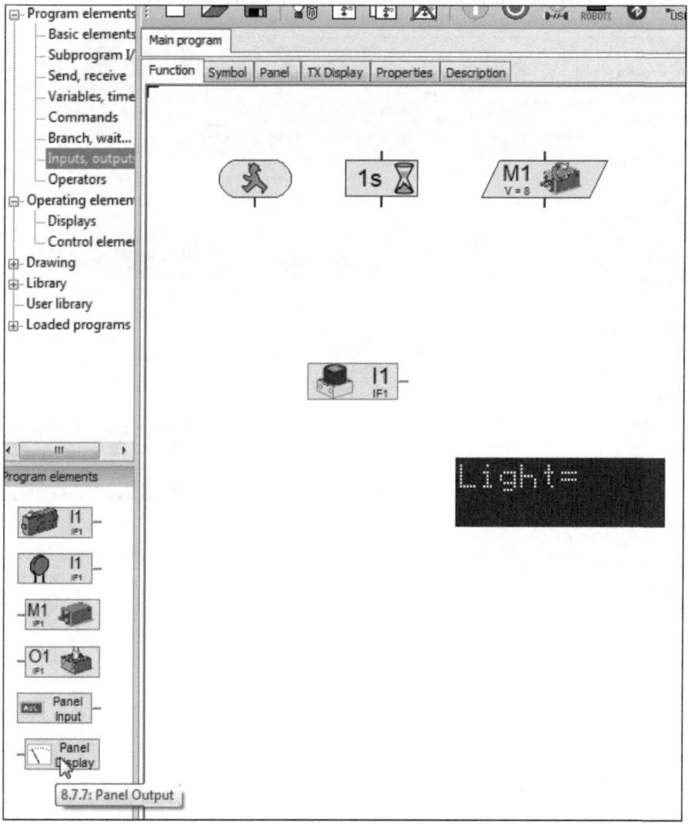

图 5-36 选择输出面板模块

如图 5-37 所示，右击面板模块，在弹出的快捷菜单中选择相应命令，弹出对话框，从中设置模块属性。

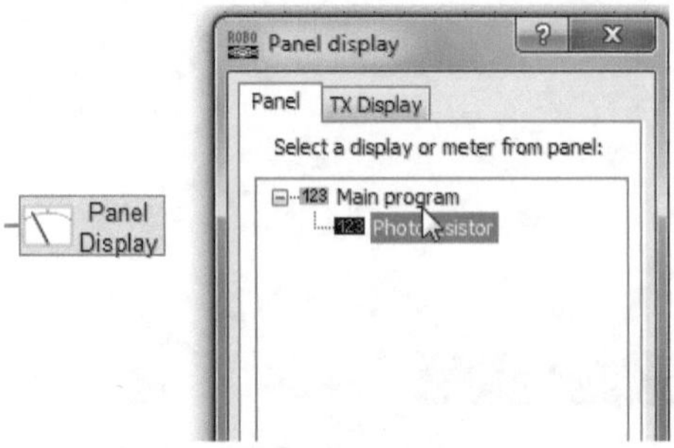

图 5-37　**设置输出面板模块**

面板设置是为了与“Text display”模块联系起来，光敏传感器电阻的数值会在相应的“Text display”模块中显示。

前面设定了“Universal input”模块，下面需要用到“Branch”(分支) 模块，用来接收传感器的模拟信号。

如图 5-38 所示，在“Program elements”中，选择“Branch(with data input)”模块。

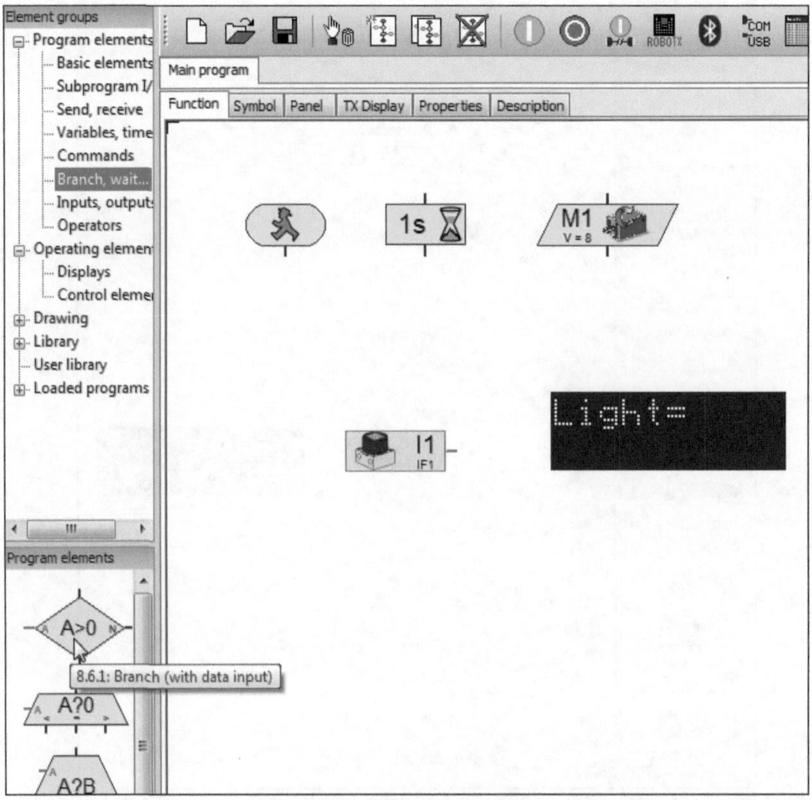

图 5-38　**选择分支模块**

右击判断模块，在“Condition”(条件)中选择“>”；在输入框中依次输入 1250 和 950，最后改变 Y/N 流线出口。

如图 5-39 所示，选择 3 个电动机输出模块，其中两个模块在“Image”栏中，选中“Lamp”单选按钮；在“Action”栏中选中“On”单选按钮；设置“Speed”(速度)依次为“4”和“8”，另一个模块设置与此基本相同，仅“Action”栏中选中“Off”单选按钮。

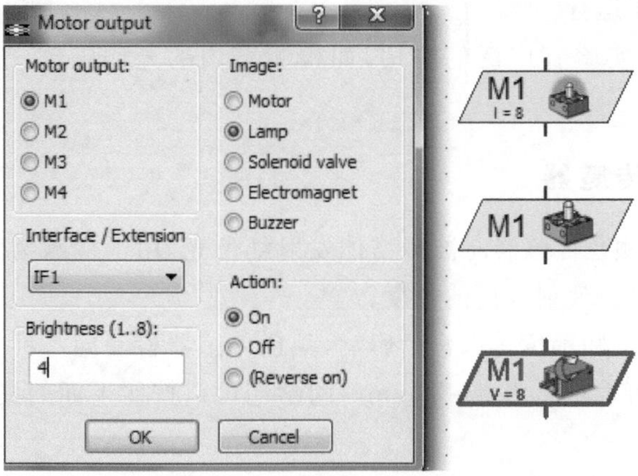

图 5-39　**设置输出模块**

如图 5-40 所示，完成了属性设置后连接编程模块。

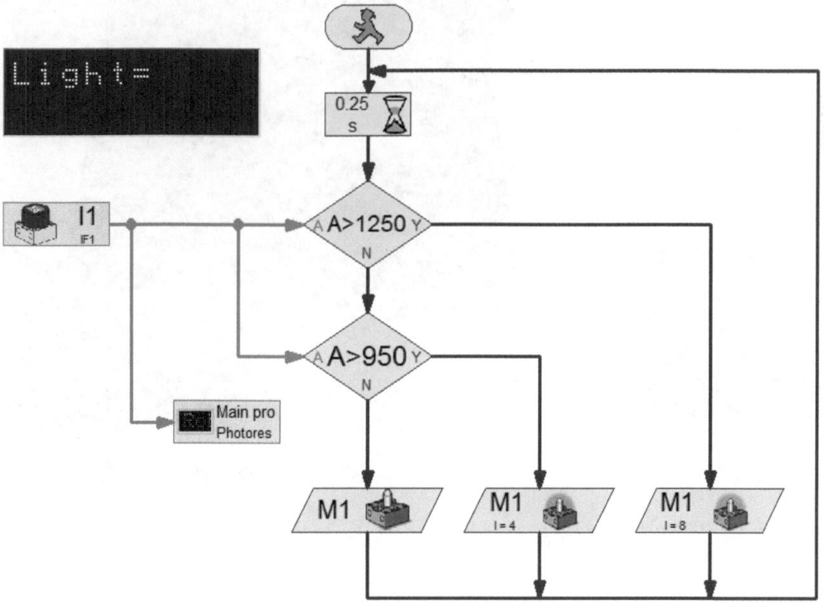

图 5-40　**光敏电阻控制程序**

如图 5-9 和图 5-10 所示，使用 USB 数据线连接 ROBO TX 控制器和计算机，接通

ROBO TX 控制器电源，打开开关。单击工具栏中的 COM/USB 按钮，设置 ROBO TX 控制器的“Connection type”为 USB 连接。

如图 5-11 所示，单击工具栏中的“Start”或“Stop”按钮，可以启动或停止程序。

程序开始运行，将光敏传感器检测面靠近白纸(大约 15mm)，然后移动光敏传感器，观察灯泡亮度的变化情况和“Test display”模块的实时数值，完成后单击工具栏中的“Stop”按钮，停止程序运行。

光敏传感器控制实验有广泛的应用，如检测室内的光照强度、温室大棚的光控系统等。

5.2.3 颜色传感器

如图 5-41 所示，颜色传感器向被测物体发射红色光，用于检测物体表面的颜色。传感器根据反射光线，计算反射表面的色度。

受光线、距离、表面粗糙度等因素的影响，颜色传感器检测同一种颜色得到的数值会有波动，颜色传感器有效距离为 5～30mm。同学们可以按照下面的提示，编写颜色传感器的控制程序。

如图 5-42 所示，准备一个 ROBO TX 控制器、一个颜色传感器，颜色传感器与 ROBO TX 控制器的 I1 端口连接。

图 5-41　**颜色传感器**

图 5-42　**连接颜色传感器**

注意： *开启 ROBO TX 控制器后，颜色传感器上的红色 LED 灯发出强光，请保护眼睛。*

如图 5-43 所示，为了保证测量的稳定性，建议使用支架固定颜色传感器。

使用 USB 数据线连接 ROBO TX 控制器和计算机，接通 ROBO TX 控制器电源，打开开关。如图 5-44 所示，设置 ROBO TX 控制器的“Connection type”为“USB 连接”，将 I1 端口设置为“Analog 10V(Color sensor)”(颜色传感器)。

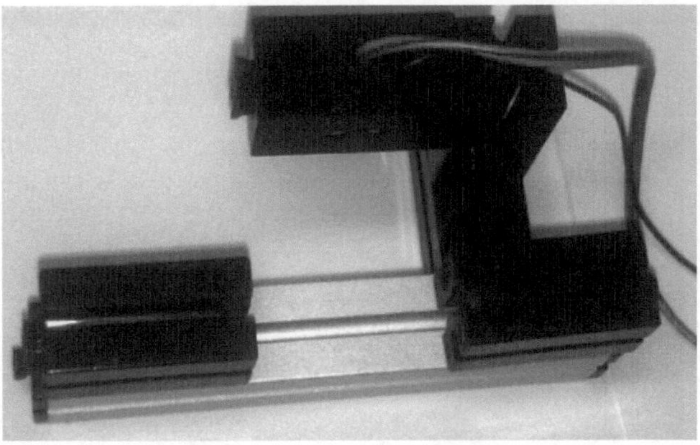

图 5-43　**固定颜色传感器**

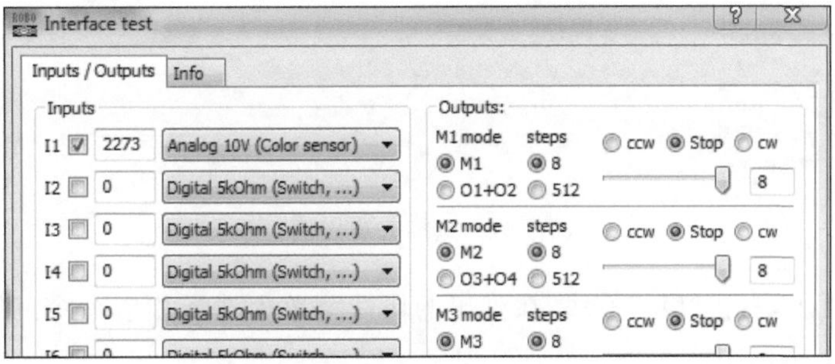

图 5-44　**设置颜色传感器**

如图 5-45 所示，颜色传感器依次测量不同颜色的纸片（60mm×37mm），将测量数值写在纸片上。

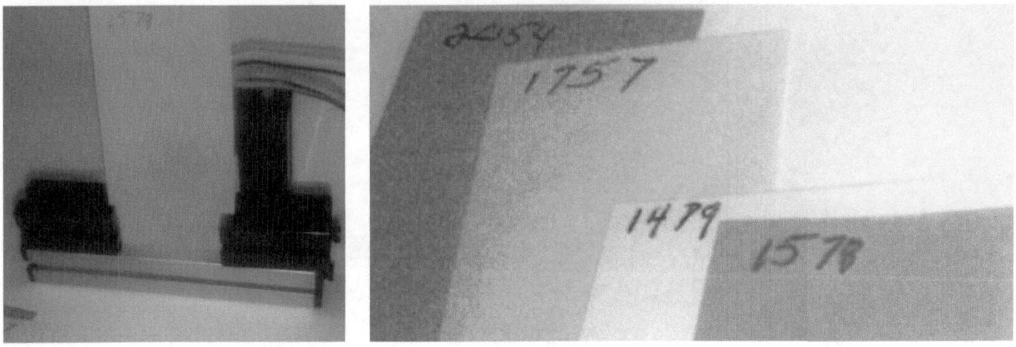

图 5-45　**检测颜色**

如图 5-46 所示，在“level3”或更高级别下，选择编程模块。

图 5-46　**选择编程模块**

如图 5-47 所示，在“Program elements”中，选择“On”“Off”模块。

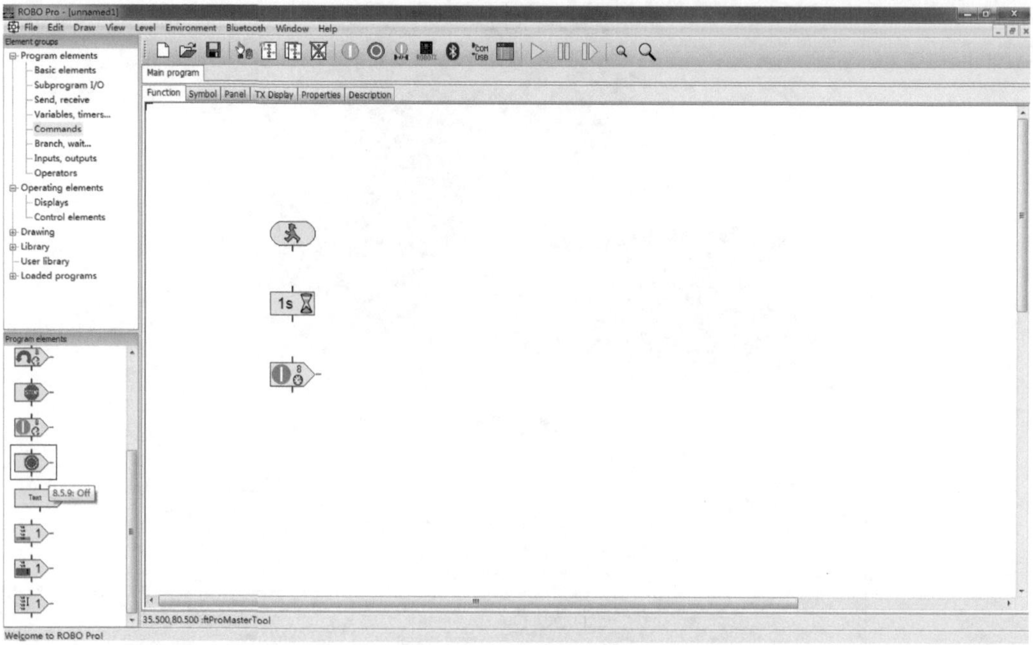

图 5-47 **选择开启模块**

如图 5-48 所示，右击“On”模块，在弹出的快捷菜单中选择相应命令，弹出对话框，在“Value”(数值)文本框中输入 1。

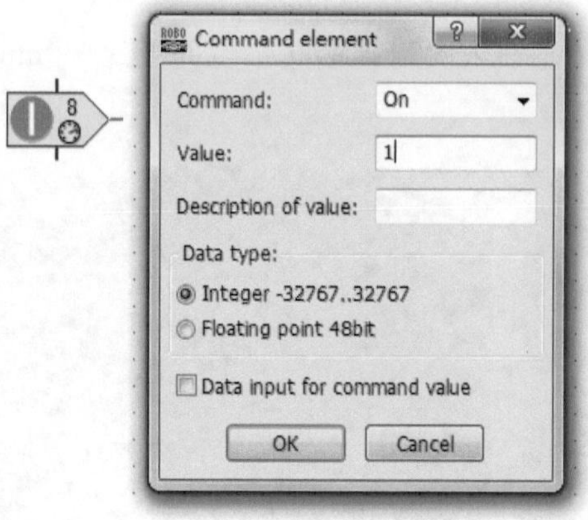

图 5-48 **设置开始模块**

如图 5-49 所示，在“Program elements”中，选择“Universal input”模块。

如图 5-50 所示，右击通用模块，在“Sensor type”中，选择“Color sensor”(颜色传感器)；在“Program elements”中，选择“Text display”和“Display Lamp”(显示灯)模块。

右击“Text display”模块，如图 5-51 所示，在弹出的快捷菜单中选择相应命令，弹出对话框，从中设置模块属性。

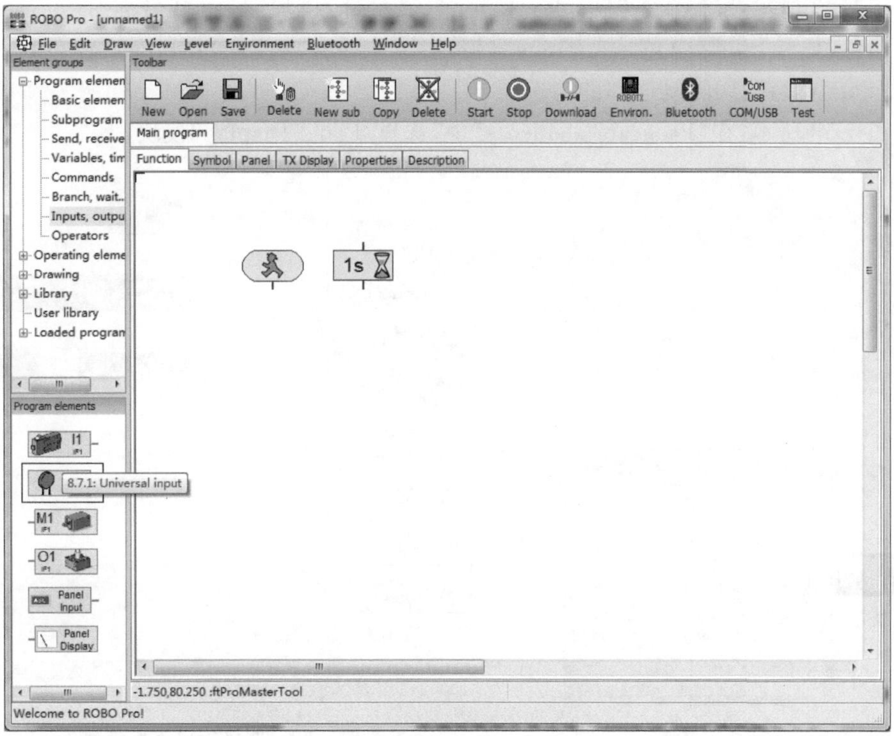

图 5-49　选择通用输入模块

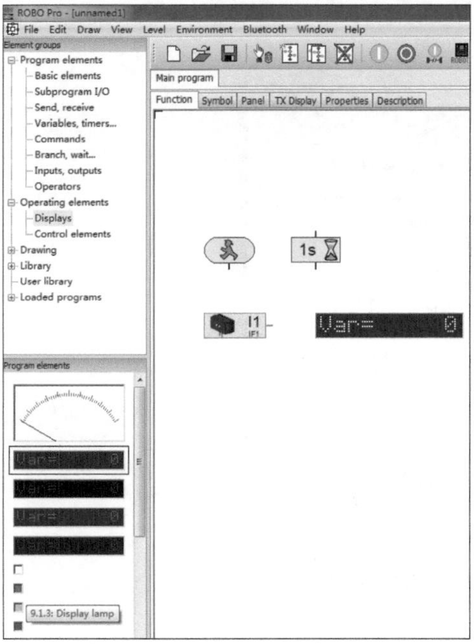

图 5-50　设置通用输入模块

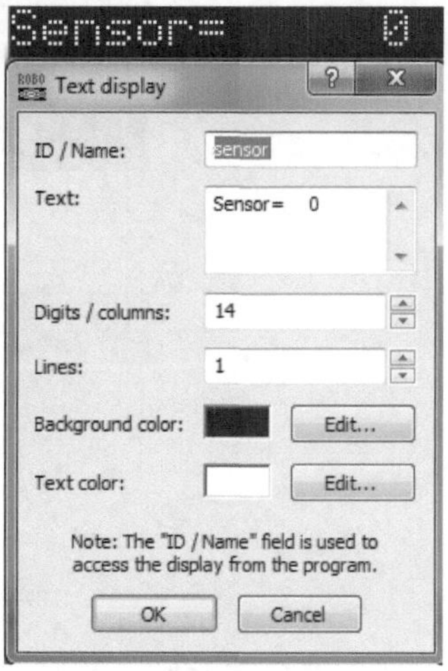

图 5-51　设置文本显示模块

如图 5-52 所示，复制 4 个“Display Lamp”(显示灯)模块，显示灯名称对应前面测量的纸片颜色(如“white”(白色)、“orange”(橙色)、“yellow”(黄色)、“blue”(蓝色))，取消“Initially on”(最初打开)复选框的勾选。

如图 5-53 所示，在“Program elements”中，选择“Panel Display”模块。

图 5-52　设置显示灯模块

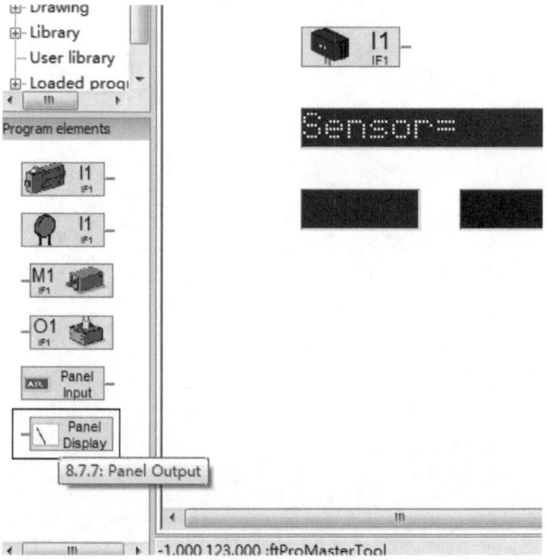

图 5-53　选择输出面板模块

如图 5-54 所示，复制 5 个“Panel Output”模块，依次选择“sensor”、“white”、“orange”、“yellow”、“blue”。

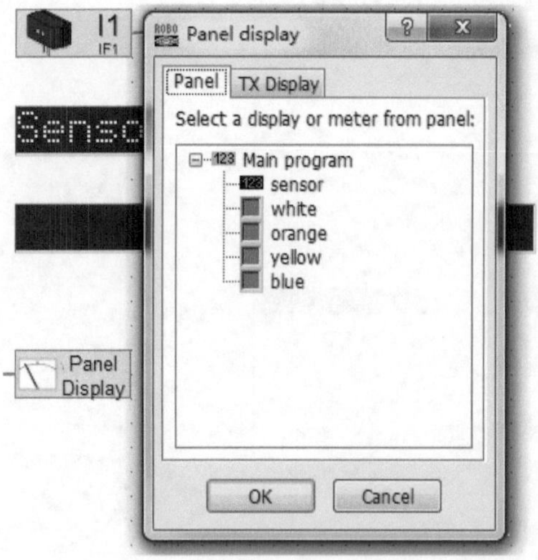

图 5-54　选择输出面板颜色

面板设置是为了与“Text display”模块联系起来，颜色传感器的检测数值会在相应的“Text display”模块中显示。

前面设定了“Universal input”模块，下面需要用到“Branch”模块，用来接收传感器的模拟信号。

如图 5-55 所示，在“Program elements”中，选择“Branch(with data input)”模块。

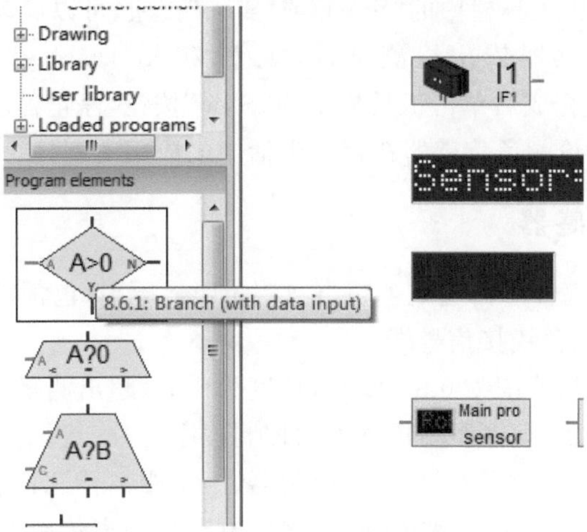

图 5-55　**选择分支模块**

复制 3 个“Branch(with data input)”模块，在“Condition”中，选择“>”，依次输入 1550、1650、1850 和 2075 数值。如图 5-56 所示，完成属性设置后，连接各编程模块。

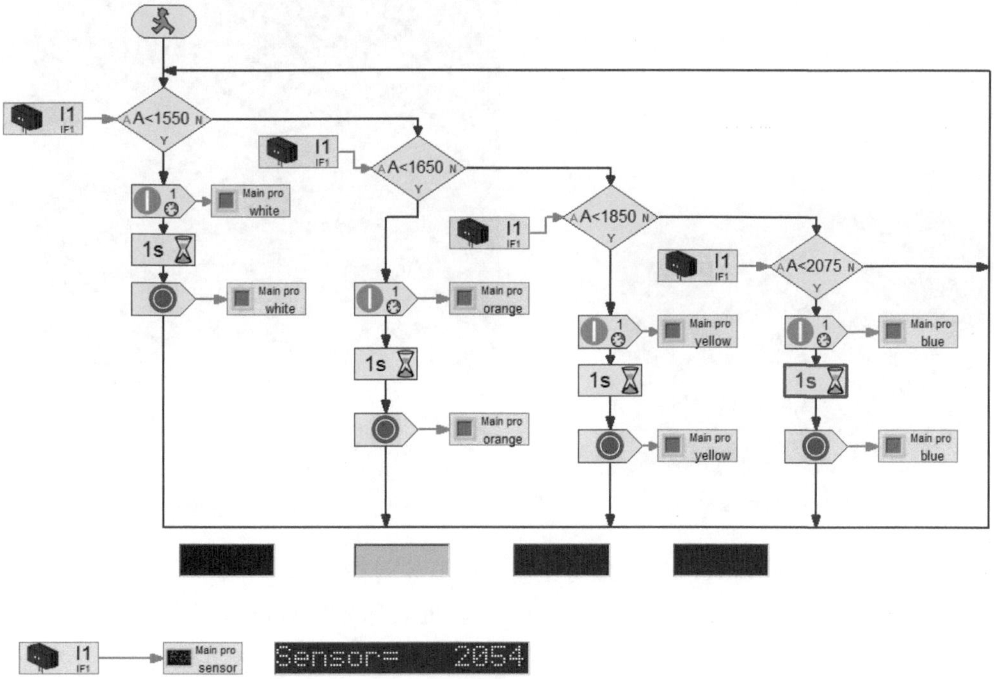

图 5-56　**颜色传感器控制程序**

如图 5-9 和图 5-10 所示，使用 USB 数据线连接 ROBO TX 控制器和计算机，接通

ROBO TX 控制器电源，打开开关。单击工具栏中的 COM/USB 按钮，设置 ROBO TX 控制器的“Connection type”为 USB 连接。

如图 5-11 所示，单击工具栏中的“Start”或“Stop”按钮，可以启动或停止程序。

运行程序，颜色传感器依次检测纸片，观察“Text Display”（文本显示）模块和“Display lamp”的情况，完成后单击工具栏中的“Stop”按钮，停止程序。

同学们可以展开讨论颜色传感器在生产生活中的应用实例。

5.2.4 距离传感器

如图 5-57 所示，距离传感器应用了超声波测量距离原理，包含发射端和接收端，红色线接 9V，绿色线接地，黑色线接信号端。

距离传感器有效测量范围为 0～400cm，精度为 1cm，超出测量范围时显示 1023。同学们可以按照下面的提示，编写距离传感器的控制程序。

如图 5-58 所示，准备一个 ROBO TX 控制器、一个距离传感器、一个编码电动机、一个接触开关和一个卷尺。固定距离传感器，编码电动机距离传感器 6cm，微动开关与 I2 端口连接。

图 5-57 超声波距离传感器

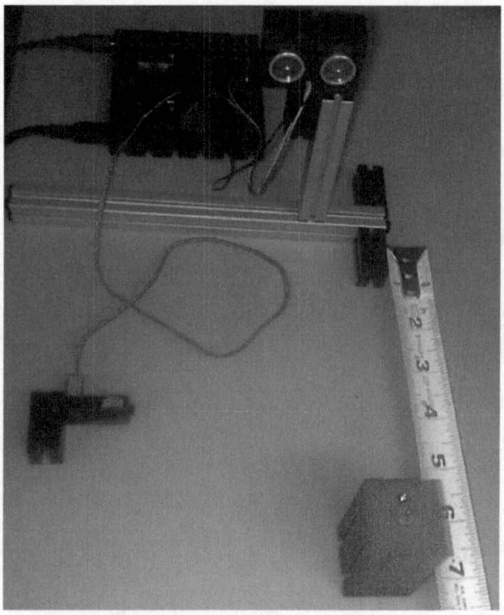

图 5-58 连接距离传感器

如图 5-59 所示，在“Level 3”中，编写距离传感器控制程序。

如图 5-60 所示，设置“Variables”（变量）对话框的名称为“distance”（距离），初始值为“5”，每次加 1。

如图 5-61 所示，设置“List”（列表）对话框的名称为“distance”，存储类型为“. CSV file”（CSV 文件），存储列为“1”。

如图 5-62 所示，设置另一个“List”对话框的名称为“sensorread”（传感器读取），文件存储类型为“. CSV file”（CSV 文件），存储列为“2”。

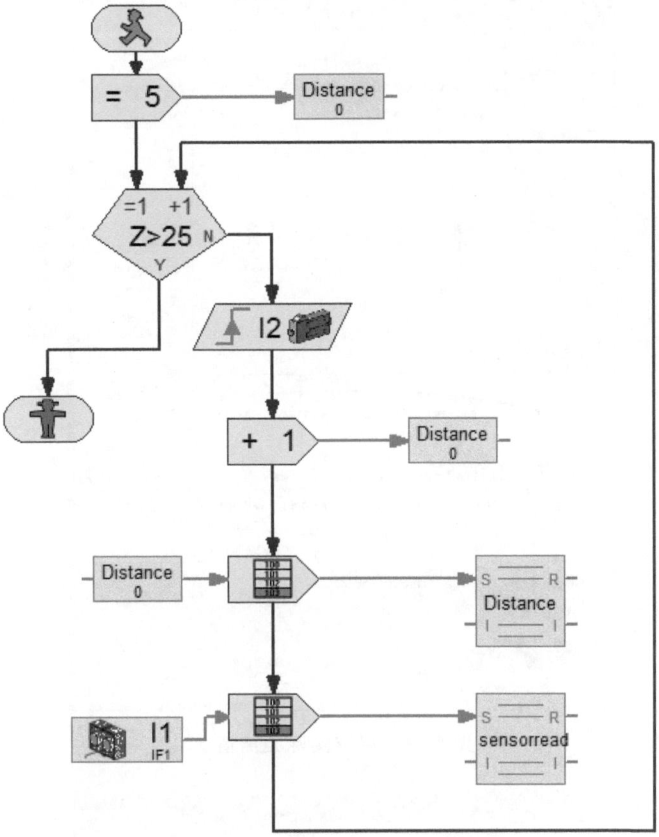

图 5-59 距离传感器控制程序

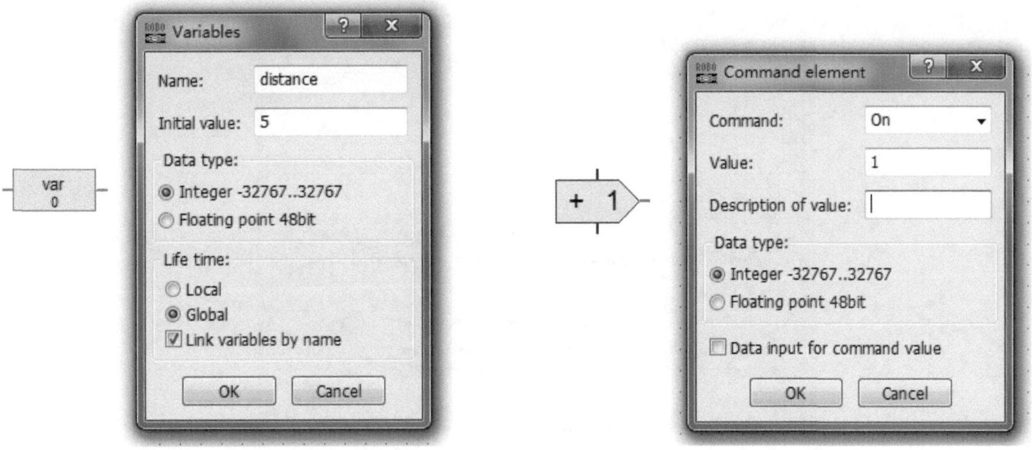

图 5-60 设置变量

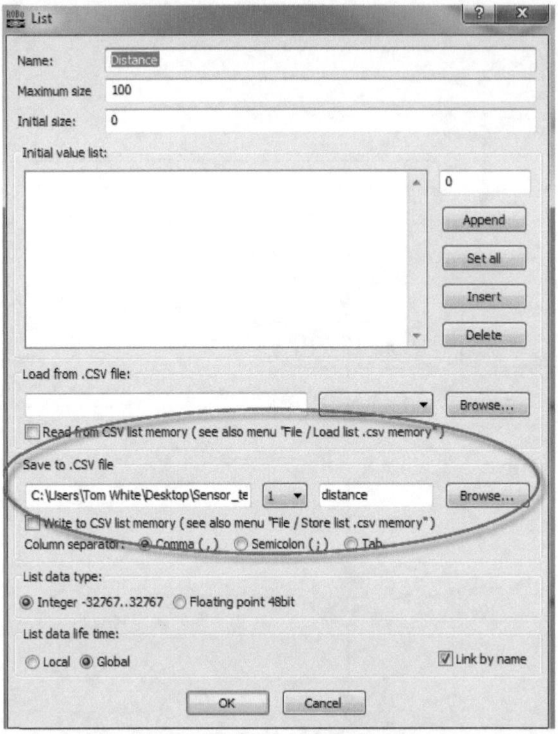

图 5-61 **保存实际距离值**

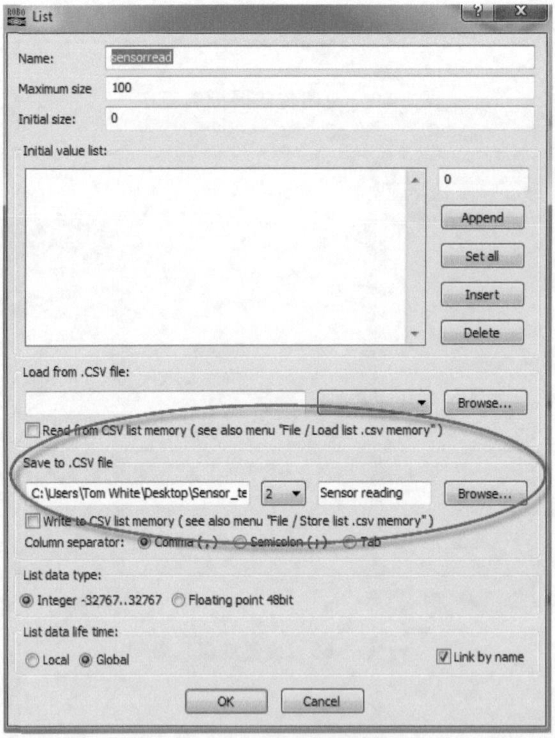

图 5-62 **保存传感器测量值**

如图 5-63 所示，打开“. CSV file”文件，获取实际距离和检测距离的数据，绘制图表。

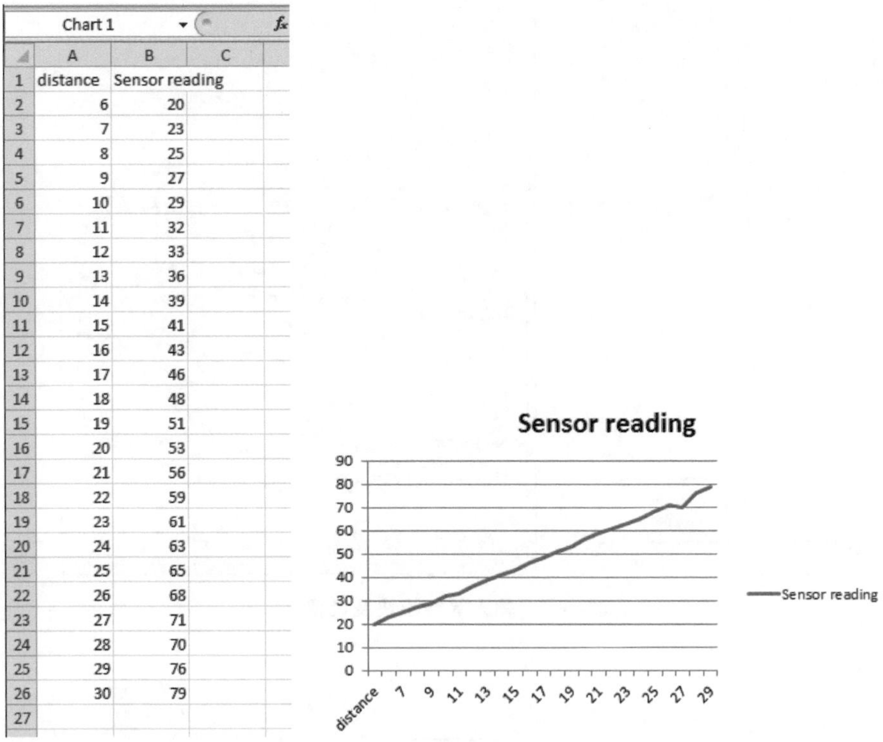

Chart 1

	A	B	C
1	distance	Sensor reading	
2	6	20	
3	7	23	
4	8	25	
5	9	27	
6	10	29	
7	11	32	
8	12	33	
9	13	36	
10	14	39	
11	15	41	
12	16	43	
13	17	46	
14	18	48	
15	19	51	
16	20	53	
17	21	56	
18	22	59	
19	23	61	
20	24	63	
21	25	65	
22	26	68	
23	27	71	
24	28	70	
25	29	76	
26	30	79	
27			

图 5-63　**统计实验数据**

同学们可以展开讨论超声波距离传感器在生产生活中的应用实例。

5.3　信号接收模块

信号接收模块基本用法与“Digital branch”模块相似，该模块不仅可以识别“1”和“0”数字信号，还能识别“0→1”和“1→0”的瞬间变化信号。

5.3.1　输入等待模块

如图 5-64 所示，右击“Wait for input”（输入等待）模块，可以查看模块的属性。在“Wait for”（等待）栏中，有“1”、“0”、“0→1”、“1→0”、“0→1 或 1→0”5 种选择，如果选择“1”或“0”，功能与“Digital branch”模块相同。

如图 5-65 所示，对比“0→1”、“1→0”、“0→1 或 1→0”动态信号模块程序。左侧程序输入等待模块采集“0→1”信号，右侧程序输入等待模块采集“1”信号。如果微动开关接“1”和“3”端口，用作常开开关，左侧程序运行时，只有按下开关的瞬间才能结束程序；右侧程序运行时，只要微动开关处于闭合状态，程序就结束。右侧输入等待模块程序，也可以采用“Digital branch”模块，如图 5-66 所示。

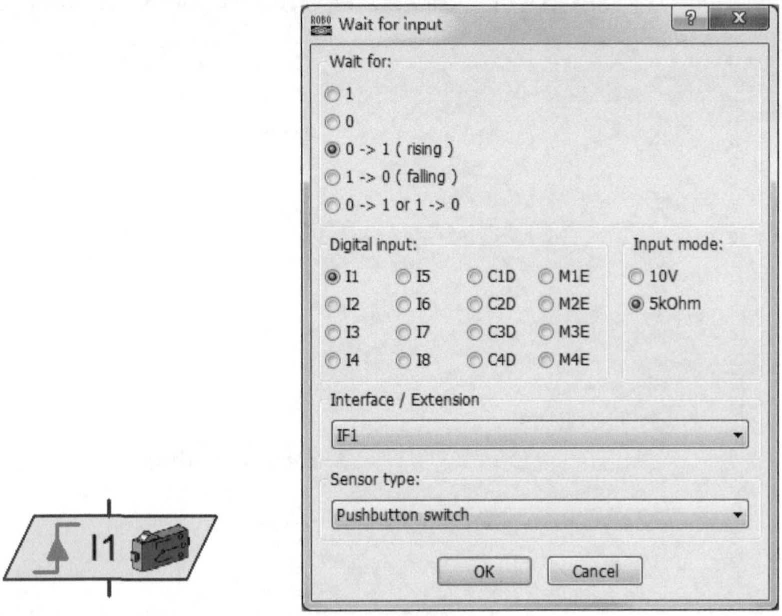

图 5-64 **输入等待模块及设置**

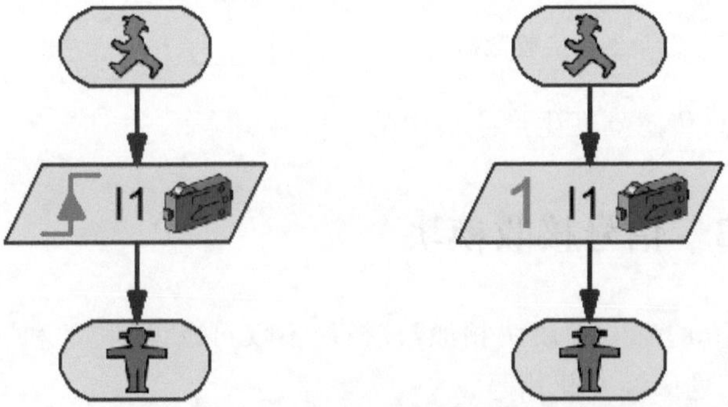

图 5-65 **输入等待模块程序**

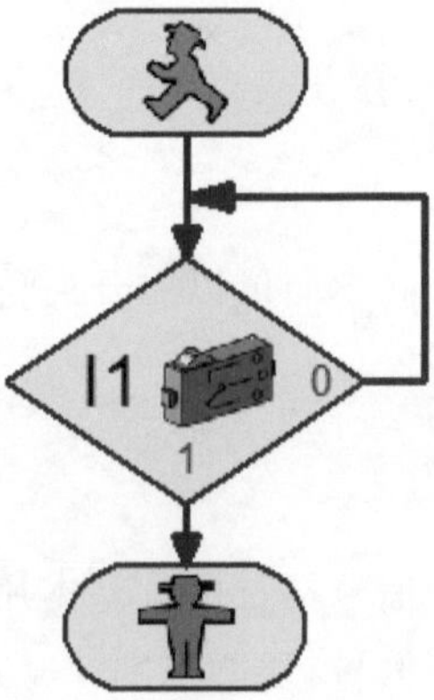

图 5-66 **数字量判断模块**

5.3.2 脉冲计数模块

如图 5-67 所示，“Pulse counter”（脉冲计数）模块具有瞬时信号计数功能，在“Pulse type”（脉冲类型）中，有“0→1”、“1→0”、“0→1 或 1→0”3 种脉冲类型，设置“Number of pulses”（脉冲数）为“10”。

为了更好地理解“Pulse counter”模块，对比图 5-68 所示的两个程序。

如图 5-68 所示，两个程序功能相同，“Pulse counter”模块均采集“0→1”或“1→0”动态信号，“Counter loop”模块具有计数功能。

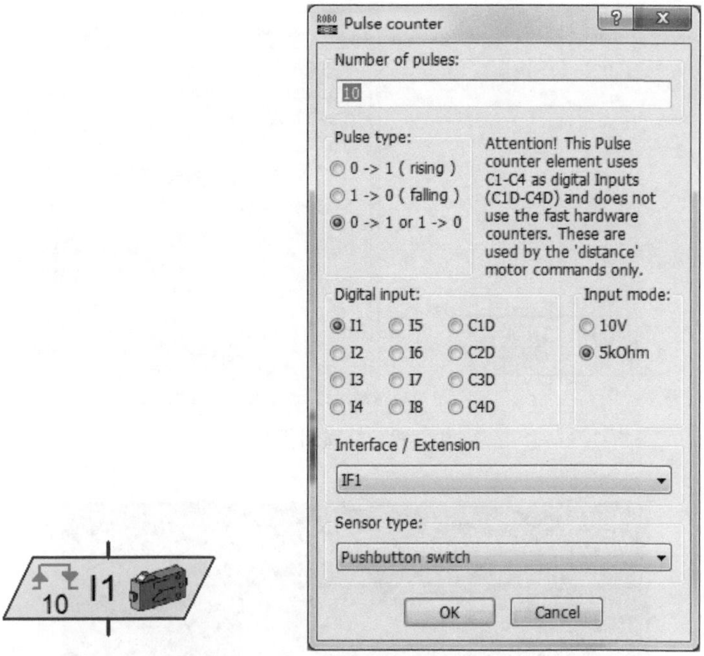

图 5-67　**脉冲计数模块及设置**

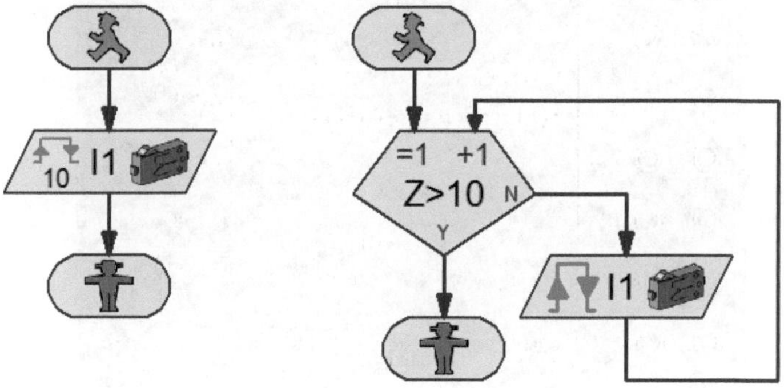

图 5-68　**脉冲计数模块编程**

5.4　执行器模块

5.4.1　灯输出

如图 5-69 所示，"Lamp output"模块对应 ROBO TX 控制器的 O1～O8 输出口，详见表 5-3。

如图 5-70 所示，灯泡一端连接到 O1～O8 输出端口，另一端连接到 ROBO TX 控制器的接地端。

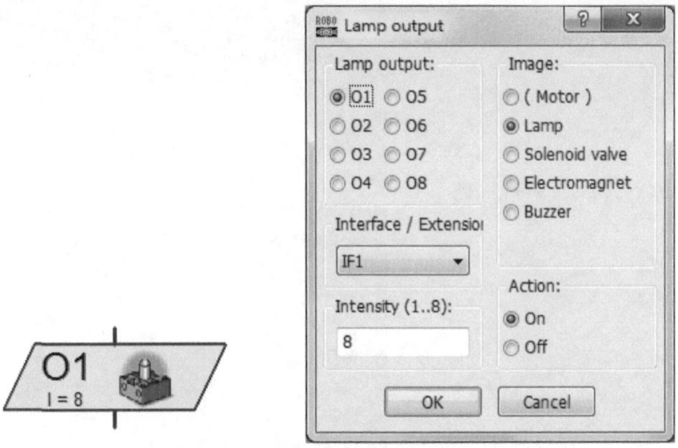

图 5-69　**灯输出模块**

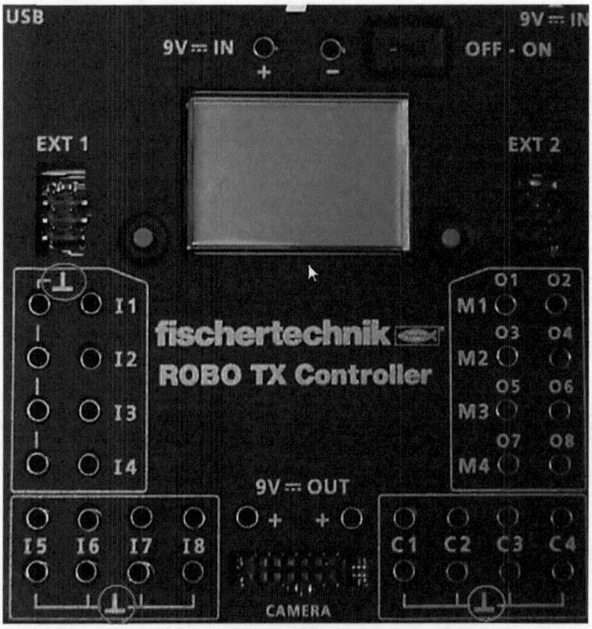

图 5-70　**灯泡接线端口**

表 5-3　**灯泡输出模块设置说明**

选 项 标 签	说　　明
Lamp output(灯输出)	灯泡的输出端口
Interface/Extension(主控制板/扩展板)	选择连接灯泡的控制器属性(主控板或扩展板),IF1 代表主控制板,EM1～EM8 代表扩展板
Intensity(强度)	调节灯输出强度,有 1～8 个等级
Image(图标)	选择执行器类型
Action(动作)	启动或停止

5.4.2 电动机输出

如图 5-71 所示，"Motor output"(电动机输出)模块是最通用的控制模块，可以控制除编码电动机之外的所有电控执行器，与灯输出模块相比，电动机输出模块包含双向电动机控制，详见表 5-4。

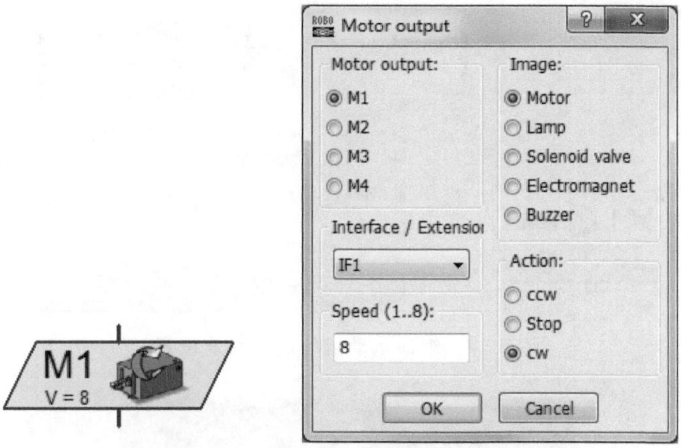

图 5-71 **电动机输出模块及设置**

表 5-4 **电动机输出模块设置说明**

选 项 标 签	说　　明
Motor output(电动机输出)	选择电动机输出端口
Interface/Extension(主控制板/扩展板)	选择连接电动机的控制器属性(主控板或扩展板)，IF1 代表主控制板，EM1～EM8 代表扩展板
Speed(速度)	调节电动机输出速度，有 1～8 个等级
Image(图标)	选择执行器类型
Action(动作)	启动或是停止，有"ccw"(逆时针)、"cw"(顺时针)

一般情况下，非电动机控制的执行器，最好使用灯输出模块控制，这样可以减少输出端口的使用，最大程度地利用 ROBO TX 控制器。

5.4.3 编码电动机

如图 5-72 所示，左图为编码电动机命令模块，右图为编码电动机命令模块设置对话框(Advanced motor control，高级电动机设置)。编码电动机命令模块只用于控制红色的编码电动机。

如图 5-73 所示，编码电动机有 5 根导线，其中两侧导线连接方法与普通电动机相同，需要独立连接 3 针编码线。红色导线接到 ROBO TX 控制器的 9V 端口，绿色导线连接地端，黑色导线连接 C1～C4 端口，详见表 5-5。

注意：需要对应 M1 和 C1、M2 和 C2、M3 和 C3 及 M4 和 C4 端口。

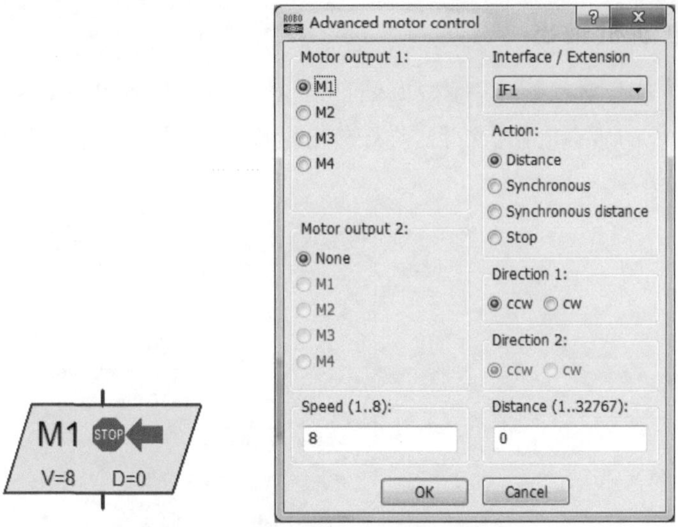

图 5-72　**编码电动机输出模块及设置**

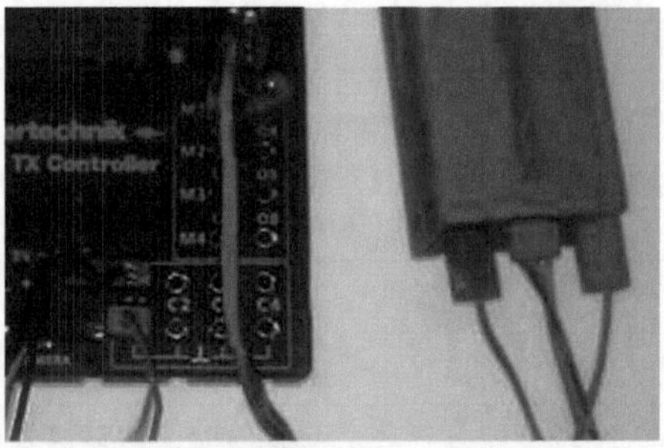

图 5-73　**编码电动机接线方法**

表 5-5　**编码电动机输出模块设置说明**

选项标签	说　明
Motor output 1(电动机 1 输出)	选择电动机 1 输出端口
Motor output 2(电动机 2 输出)	选择电动机 2 输出端口
Speed(速度)	调节电动机输出速度,有 1~8 个等级
Interface/Extension(主控制板/扩展板)	选择连接电动机的控制器属性(主控板或扩展板),IF1 代表主控制板,EM1~EM8 代表扩展板
Action(动作)	"Distance"(距离)控制输出轴转动角度 "Synchronous"(同步)两个电动机以相同转速运行 "Synchronous distance"(同步距离)两个电动机以相同转速运行,转动相同角度 "Stop"停止电动机
Direction 1(方向 1)	"ccw"和"cw"
Direction 2(方向 2)	"ccw"和"cw"
Distance(距离)	电动机轴转动一周需要 75 个输出脉冲

5.4.4　实践与思考

如图 5-74 所示，请同学们参照附录组装一款移动机器人。

图 5-74　**移动机器人**

1. 同步控制

如图 5-75 所示，两个编码电动机分别连接到 M1 和 M2 端口，跳出“Advanced motor control”对话框，在“Action”（动作）栏中，选中“Synchronous”（同步）命令，完成编码电动机设置。

如图 5-76 所示，连接各编程模块。

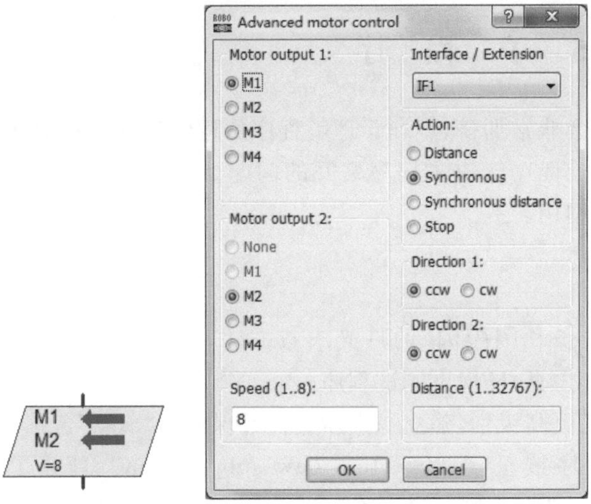

图 5-75　**设置编码电动机模块**

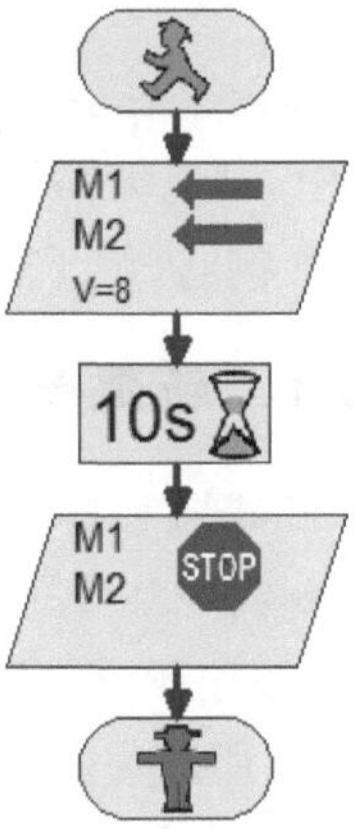

图 5-76　**编码电动机控制程序**

程序启动，移动机器人前进 10s 停止，选择“Synchronous”单选按钮能够保证机器人沿直线前进，降低跑偏概率。

2. 同步距离控制

如图 5-77 所示，两个编码电动机分别连接到 M1 和 M2 端口，跳出“Advanced motor control”对话框，在“Action”中，选择“Synchronous distance”(同步距离)命令。

如图 5-78 所示，连接各编程模块。

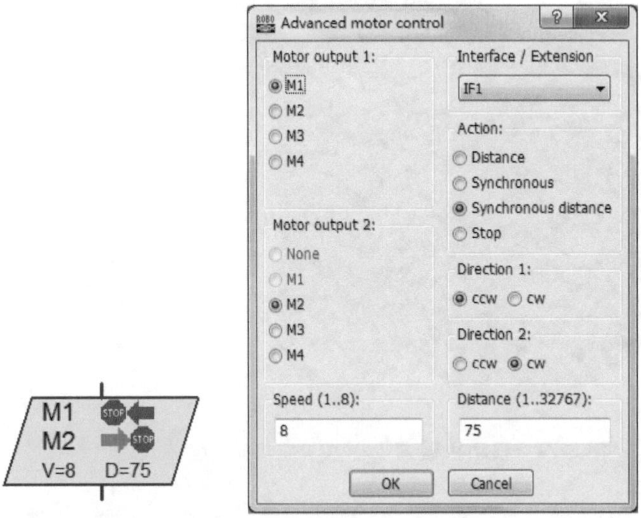

图 5-77 **设置编码电动机模块**

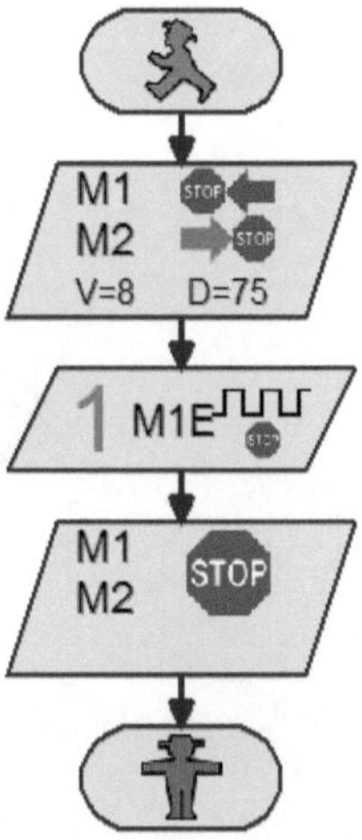

图 5-78 **编码电动机模块控制程序**

启动程序，机器人原地左转一定角度，M1 沿逆时针方向转动，M2 沿顺时针方向转动，小车原地转圈。M1 与 M2 同步时，只需要控制一个电动机的脉冲。

5.5 子 程 序

当编程内容复杂时，主程序界面会非常拥挤，不利于理解程序的逻辑流程。在 ROBO Pro 软件中，可以编写可重复调用的子程序解决主程序繁冗的问题。下面以一个“SOS”求救程序为例，讲解子程序的编写和调用。

5.5.1 新建子程序

“SOS” 求救程序采用“闪闪闪长长长闪闪闪”的灯光求救方法，每 5s 重复操作，在 ROBO Pro 软件自带的“Simulation”(仿真)环境下测试程序。

首先，编程环境设置为“level2”或更高级别，建立一个新文件并保存为“SOS”名称。

图 5-79 所示为工具栏中的子程序按钮，即“Create a new subprogram”(新建子程序)，“Copy the current subprogram”(复制子程序)，“Delete the current subprogram”(删除子程序)。

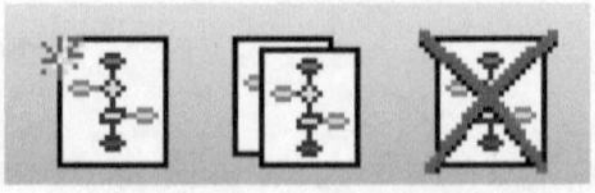

图 5-79 **子程序工具栏**

单击“新建”子程序按钮，出现如图 5-80 所示的对话框，设置子程序“Name”为“S”。

如图 5-81 所示，编程窗口出现“S”子程序选项。

图 5-80 新建子程序

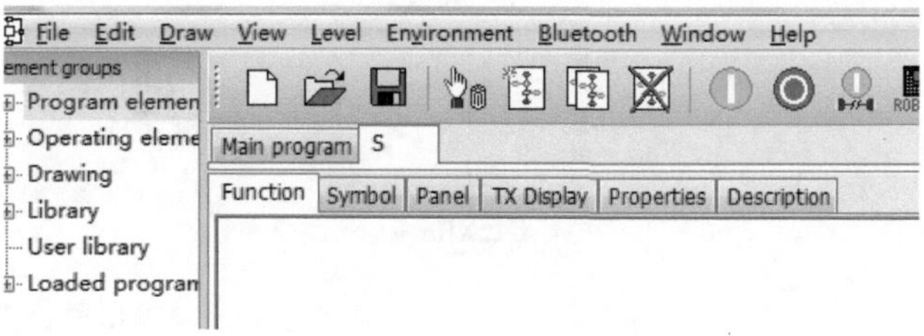

图 5-81 子程序编程界面

如图 5-82 所示，在“Subprogram I/O”(子程序入口/出口)中选择“子程序入口”和“子程序出口”两个模块。

如图 5-83 所示，在“Basic elements”(基本模块)中，选择“Counter loop”模块，并将计数值设为“3”。

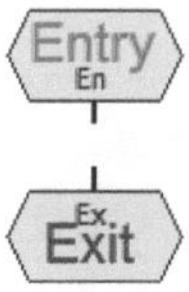

图 5-82 子程序编程模块

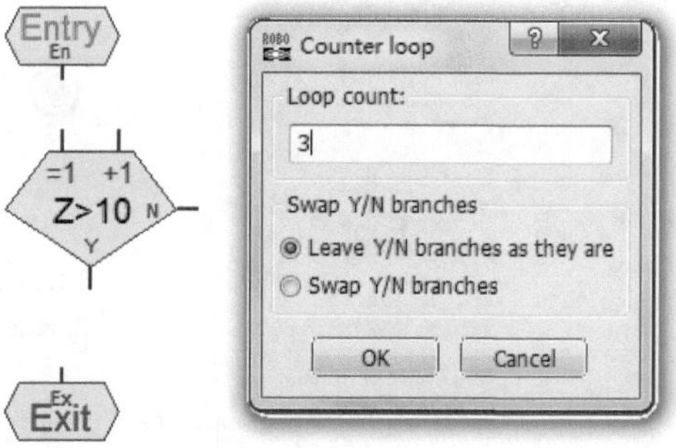

图 5-83 设置循环模块

如图 5-84 所示，在“Program elements”中，选择“On”和“Off”模块。

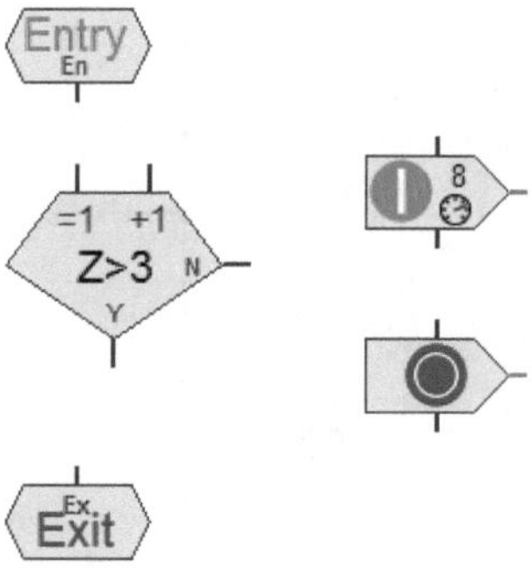

图 5-84 添加启动/停止模块

如图 5-85 所示，在“Program elements”中，单击“Panel Display”按钮。

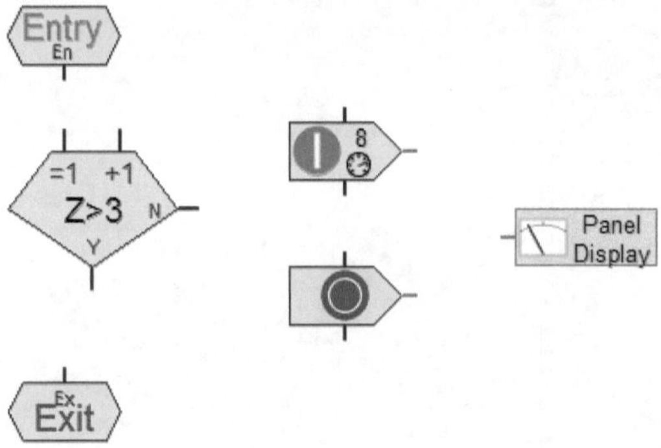

图 5-85 **添加输出面板模块**

如图 5-86 所示，在编程窗口中添加两个“Delay”（延时）模块，均设置为“0.2s”。

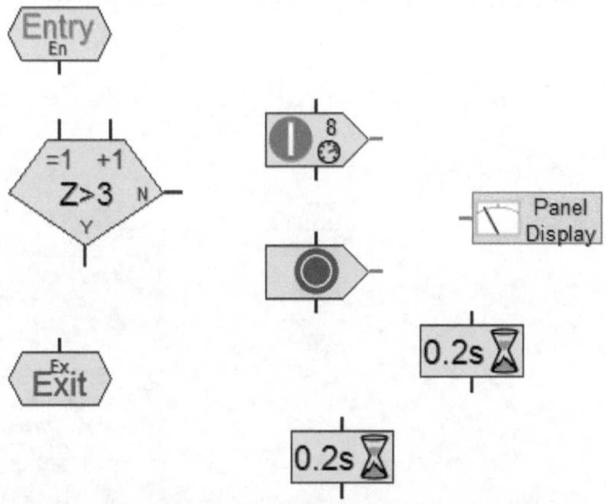

图 5-86 **添加延时模块**

如图 5-87 所示，连接各编程模块，这样就完成了“S”子程序。

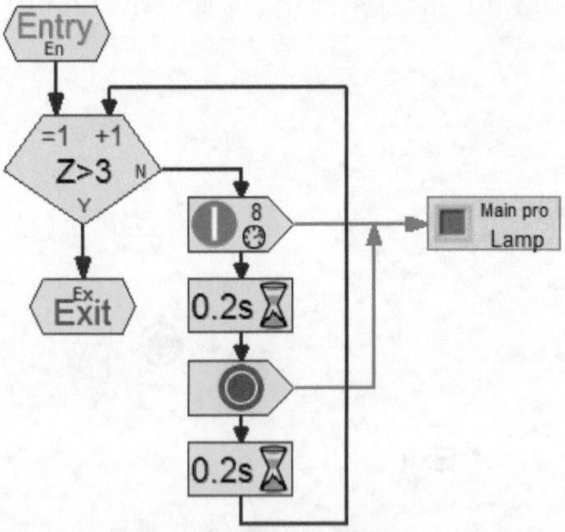

图 5-87 **“S”子程序**

5.5.2　复制子程序

如图 5-88 所示，在“S”子程序界面，单击工具栏中的“Copy subprogram”按钮，在“Name”文本框中输入“O”。

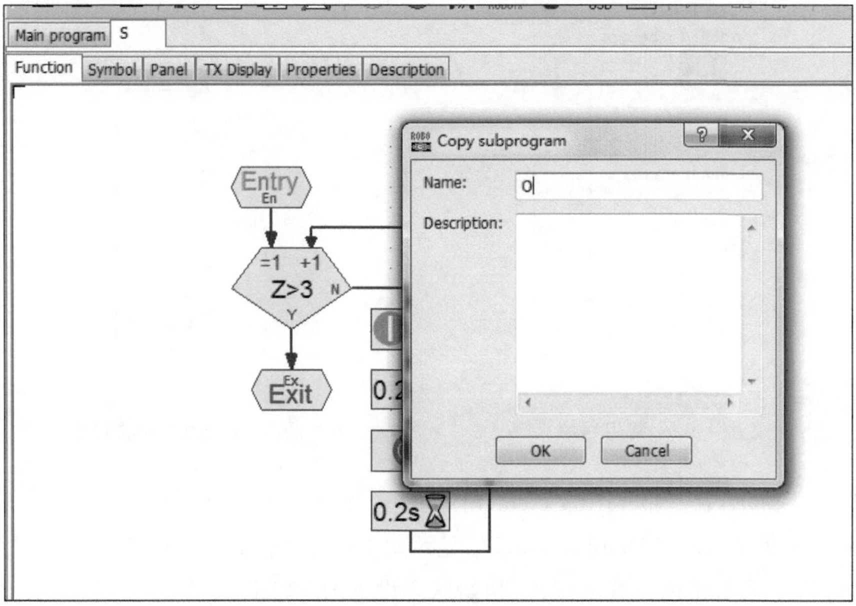

图 5-88　“O”子程序

如图 5-89 所示，出现“O”子程序，设置延时 0.5s，这样就完成了“O”子程序的编写。

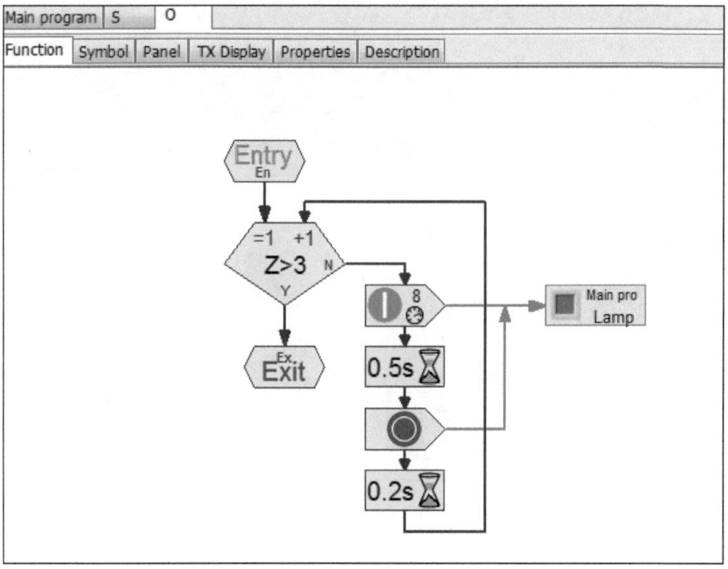

图 5-89　设置延时模块

如图 5-90 所示，进入“Main program”界面，在“Loaded programs”(下载程序)中，将出现“S”子程序模块和“O”子程序模块。

如图 5-91 所示，添加“Start”和“Delay”(延时)模块。

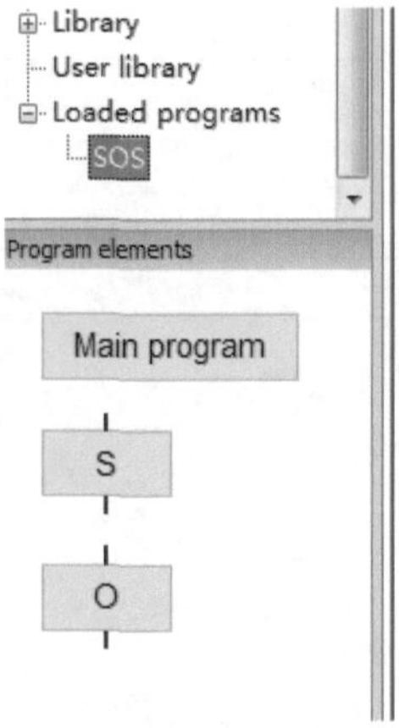

图 5-90 **调用程序**

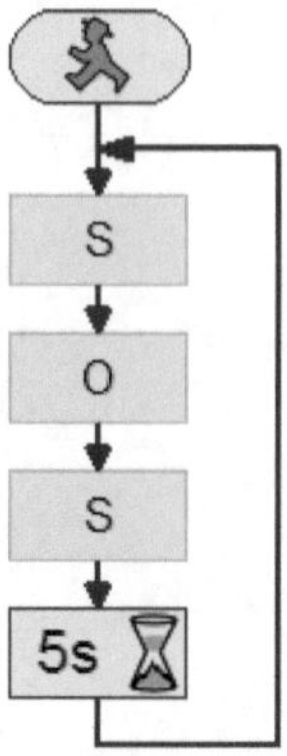

图 5-91 **SOS 求救程序**

如图 5-92 所示，在“Operating elements”中，选择“Displays”模块。

如图 5-93 所示，设置“Display lamp”(显示灯)模块，将“ID/Name”(信号源)设置为“Lamp”(灯泡)，显示颜色设置为红色，初始状态设置为“关闭”。

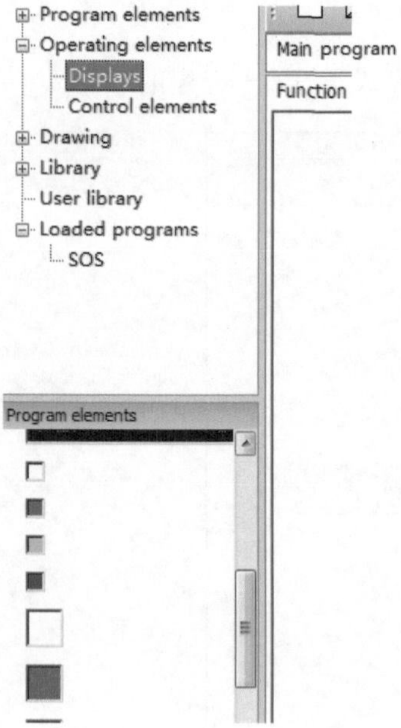

图 5-92 **添加显示灯模块**

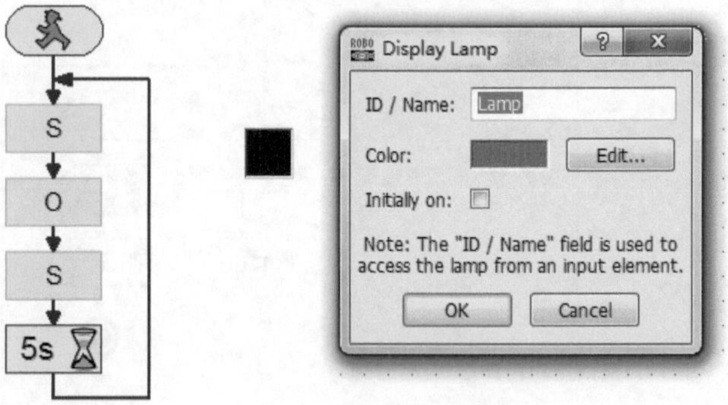

图 5-93 **设置显示灯模块**

如图 5-94 所示，分别进入“S”子程序和“O”子程序，右击“Panel display”模块，在弹出的对话框中选择“Lamp”选项。

如图 5-95 所示，单击工具栏中的 COM/USB 按钮，选择“Simulation”（模拟）选项，并选择“ROBO TX Controller”（ROBO TX 控制器）。

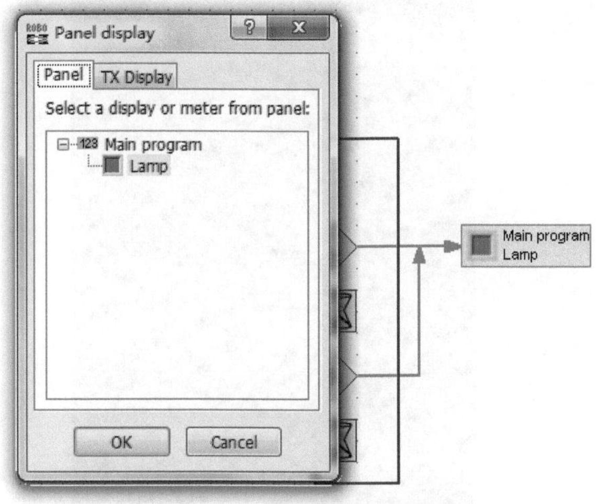

图 5-94　**设置输出面板模块**

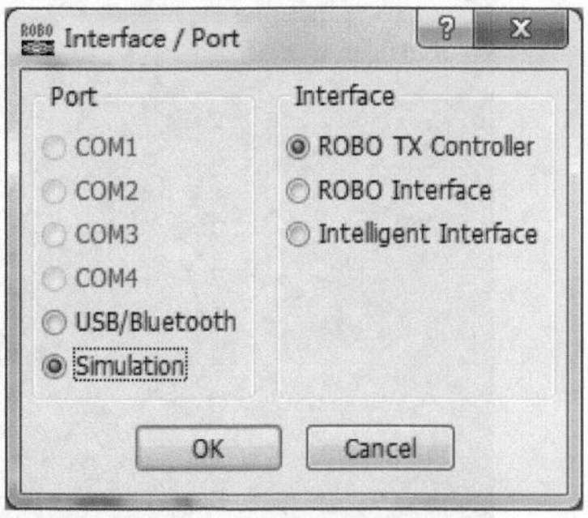

图 5-95　**设置控制器接口**

启动程序，指示灯发出“闪闪闪长长长闪闪闪”的信号。

通过以上编程实例，同学们学习了创建子程序和复制子程序的方法，删除子程序与复制子程序的方法相同。

5.6　RoboTXdroid 智能控制

同学们也可以通过 Android 系统的手机或平板电脑与 ROBO TX 控制器一起控制机器人，实现电动机的转动。

如图 5-96 所示，在 Google play 商店中下载一个 RoboTXdroid 的应用程序到 Android 手机，Android 系统要求 2.2 及以上版本。

图 5-96　**RoboTXdroid 应用程序**

如图 5-97 所示，打开 RoboTXdroid 进入主界面，用蓝牙功能搜索 ROBO TX 控制器。

如图 5-98 所示，RoboTXdroid 利用手机感应功能完成动作，手机上下、左右倾斜，分别控制 M1 和 M2 输出端口，主界面中的“Hoch”（向上）和“Runter”（向下）按钮控制 O5 和 O6 输出端口，各输出端口控制电动机沿顺时针方向旋转或沿逆时针方向旋转。

RoboTXdroid 的操作方法非常简单，同学们可以尝试用手机控制你的机器人。

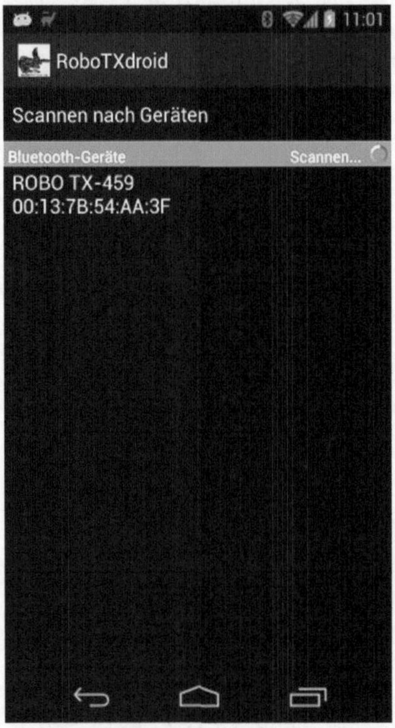

图 5-97　搜索 ROBO TX 控制器

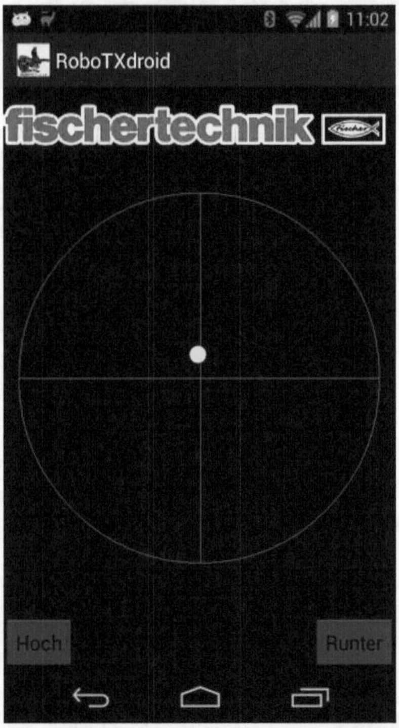

图 5-98　RoboTXdroid 控制界面

第 6 章　机器人创新设计

6.1　弹球机设计

20 世纪 30 年代，美国小镇达特茅斯(Dartmouth)的许多学生迷上了一种弹球游戏(Pinball game)，那是一种让小球在一张插有许多小针的倾斜桌子上经过多次碰撞后进入特定小孔的游戏。当时达特茅斯的许多药店及餐厅里都放置了这种游戏机，当地的学生是游戏的常客，相信同学们也曾接触过这种游戏，弹球机外观如图 6-1 所示。

图 6-1　**弹球机外观**

游戏过程中，小球从发射点出发后，参与者通过控制弹射手柄击打小球；小球上升过程需要通过不同的分区，如果进入无效区，本轮游戏结束。

如图 6-2 所示，请同学们应用气动元件设计一款弹球机，邀请你的好伙伴一同参与游戏。同学们也可以发挥想象力，设计出功能更加多样的弹球机。

要求钢球从开始位置发射后，钢球需要通过不同的障碍，当光敏传感器和颜色传感器检测到钢球后，计为有效得分，得分情况显示在 ROBO TX 控制器的显示屏上。每位参加者有 3 次机会，单击 ROBO TX 控制器左侧红色按钮游戏重新开始。

6.1.1　结构分析

1. 气缸运动

如图 6-3 所示，单作用气缸中，阀接通时，压缩空气导入气缸，气缸活塞杆伸出；阀关闭，活塞杆在弹簧的作用下缩回，气缸实现直线往复运动。

图 6-2 **弹球机**

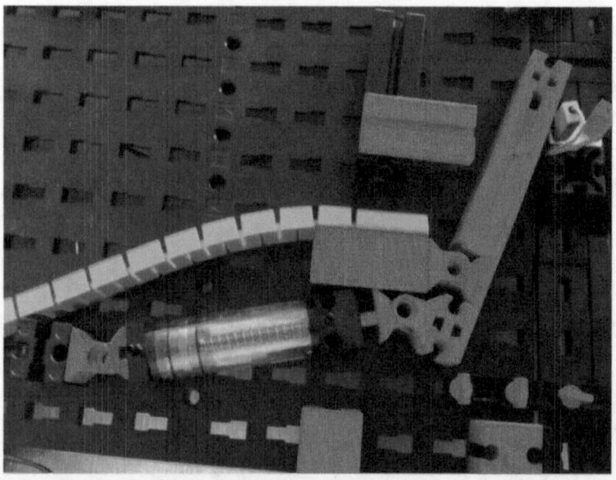

图 6-3 **单作用气缸**

2. 开始位置

如图 6-4 所示，参与者需要手动发球，发射机构可以将钢球弹射到游戏区域。

图 6-4 **发射机构**

3. 钢球控制区

如图 6-5 所示，模型左、右两侧的开关分别控制两个气缸运动，下面的光敏传感器检测钢球的运动轨迹。当光敏传感器检测到钢球时，本次游戏结束，参与者需要重新发射钢球。

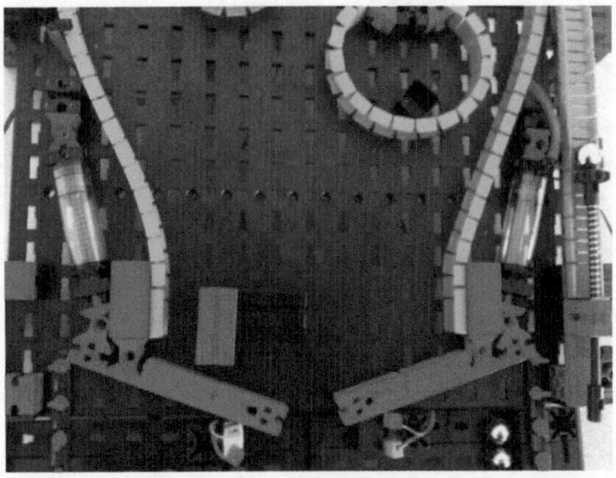

图 6-5　**弹球机构**

4. 得分区

如图 6-6 所示，弹球机模型的得分系统包含一个光敏传感器和颜色传感器。光敏传感器用于计算钢球通过次数，颜色传感器用于检测钢球高度，ROBO TX 控制器显示得分情况，计数方法将在后面介绍。

图 6-6　**得分系统**

6.1.2　编程提示

1. 计分规则

弹球机主程序如图 6-7 所示，游戏得分由光敏传感器和颜色传感器两部分组成，控制程序需要使用一个变量“Account”（计数）实时保存得分情况，变量初始赋值为“0”。

2. 显示屏设置

如图 6-8 所示，参与者得分情况和比赛机会记录到 ROBO TX 控制器显示屏上。在“TX Display”（显示屏）界面，同时显示“Balls”（发球机会）和“Points”（得分）情况。

游戏开始前，显示屏上“3”表示参与者的游戏机会，I4 端口的光敏传感器检测到钢

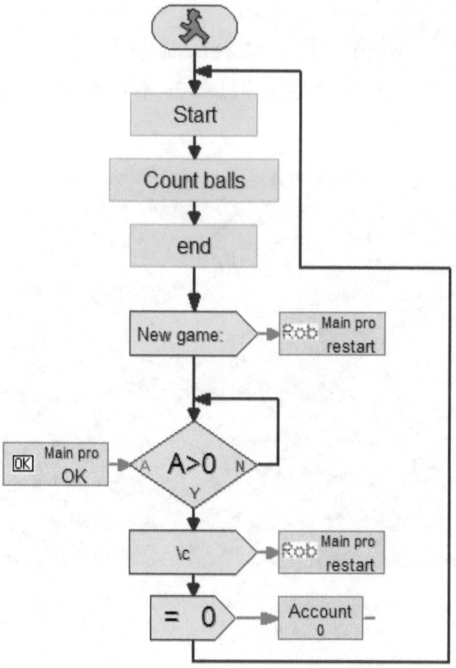

图 6-7　**弹球机主程序**

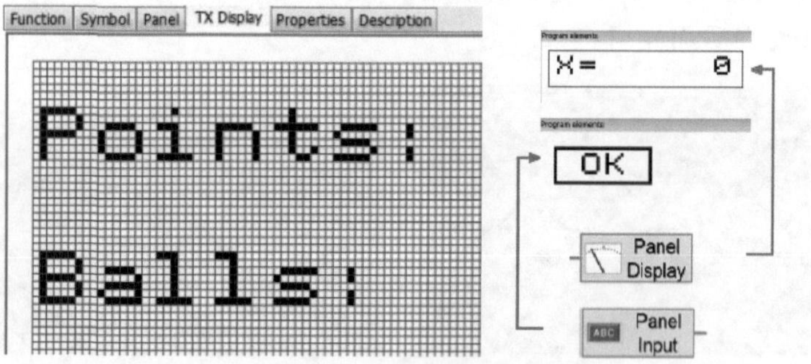

图 6-8　**设置显示屏**

球，减少一次机会。如图 6-9 所示，编写“Count balls”子程序。

3. 得分技巧

如图 6-10 所示，下面一些信息可能会对你有所帮助，光敏传感器的计分程序设置了 5s 的延时，这样光敏传感器将以 5s 为一个计数单位，5s 的时间内你弹射得越快，得分机会就越多。

如图 6-11 所示，颜色传感器持续发射红色光，根据检测钢球表面反射光数值进行计分，钢球越接近颜色传感器，参与者得分越多。由于外界光线的影响，同学们需要对外界光线作一个简单的分析，如果你有更好的想法也可以设计更加新颖的比赛规则，邀请更多的朋友参与到弹球游戏中。

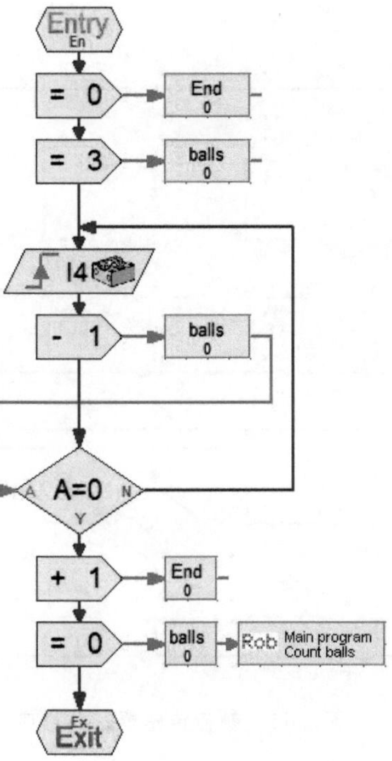

图 6-9　**发球机会子程序**

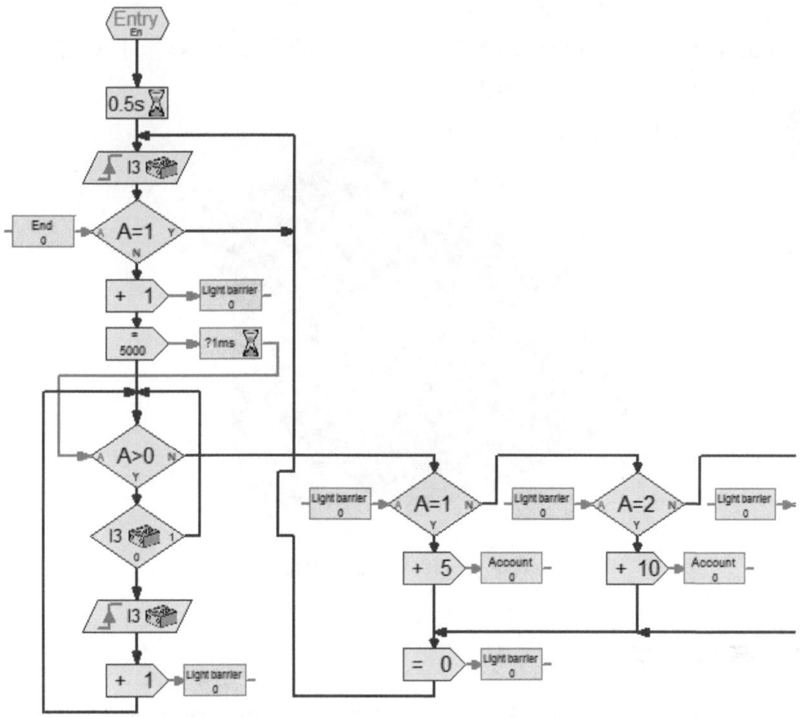

图 6-10　**光敏传感器计分程序**

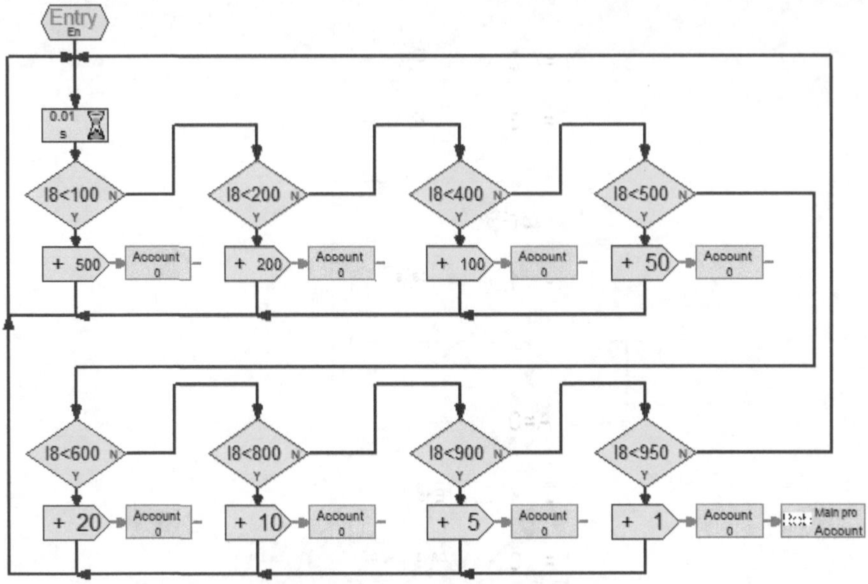

图 6-11 **颜色传感器计分程序**

6.2 轮式机器人设计

通过前面的学习,同学们已经掌握了机器人设计的主要内容,接下来需要亲自设计一款能够移动的机器人(参见附录),如图 6-12 所示。

图 6-12 **轮式机器人模型**

6.2.1 基本任务

机器人直线向前 3s,然后直线向后 3s,观察机器人是否能精确地回到起点;机器人沿一个长方形轨迹行走,检查机器人是否能精确地回到起点。

1. 编码电动机

如图 6-13 所示，使用“Encoder Motor”模块代替“Motor output”（普通电动机）和“Waiting Time Elements”（等待时间）模块的控制程序。“Encoder Motor”模块的“Distance”功能，可以保证两个电动机转动距离相同。

实验过程中，同学们可以使用刻度尺测试机器人的移动距离，观察机器人是否回到了原点，如果机器人没有准确地回到原点，则请同学们分析是什么原因。

2. 脉冲计数

如图 6-14 所示，编码电动机黑色导线需要与 ROBO TX 控制器的 C1～C4 端口连接，C1～C4 端口实现脉冲计数，C1 为电动机 M1 计数，C2 为电动机 M2 计数。

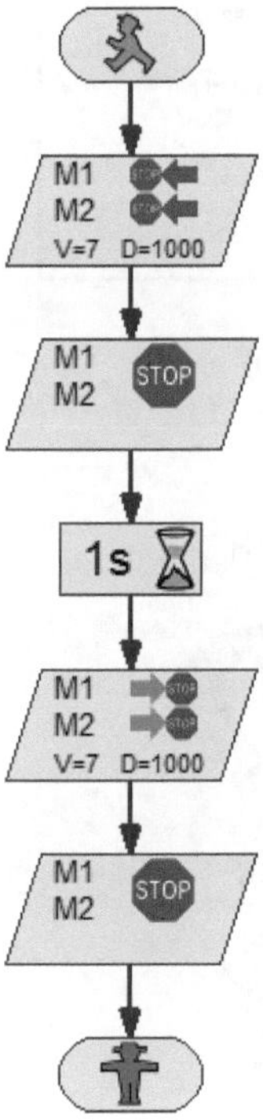

图 6-13　**编码电动机控制程序**

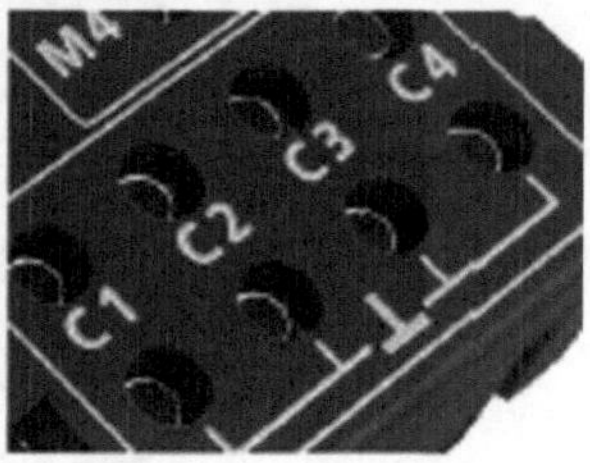

图 6-14　**计数端口**

3. 转向控制

使用编码电动机后，模型转弯会更加精准。下面请你为机器人编写转弯的程序，可以参考图 6-15 所示的程序。

为了让主程序界面更加整洁，也可以编写一个“Going around a corner”（转向）子程序，可参考前面的学习内容。

6.2.2　寻迹任务

现在机器人能够直线前行，也能转向行走，但它只是按编写的程序来运转。给机器人做些小的改变，如图 6-16 所示，让机器人能够搜索黑线，并沿着提供的黑线轨迹前进。

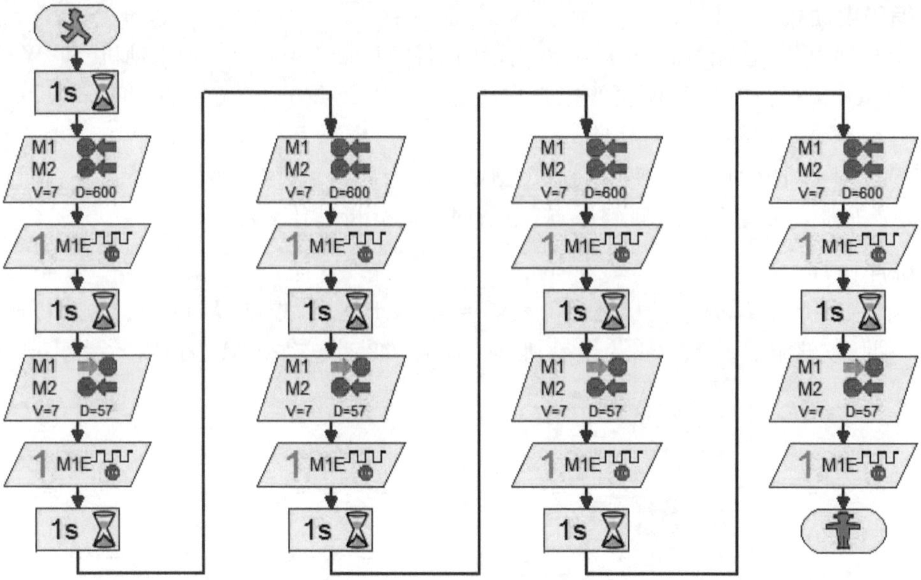

图 6-15　**机器人转弯控制程序**

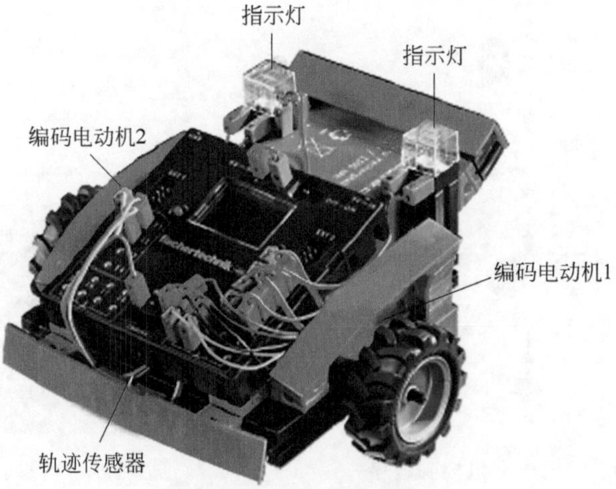

图 6-16　**寻迹机器人**

1. 轨迹传感器

如图 6-17 所示，请同学们在移动机器人的基础上，增加轨迹传感器。打开 ROBO Pro 软件，完成接口测试后，把模型放在黑线上，观察连接轨迹传感器输入端的信号变化。

接下来要求机器人能够沿着黑色轨迹行走，如果机器人丢失轨迹或到达轨迹的末端，则机器人停止，两个指示灯闪动 3 次。

2. 检测黑线

如图 6-18 所示，首先机器人需要查询轨迹传感器的数值，两个输入端口都收到“0”信

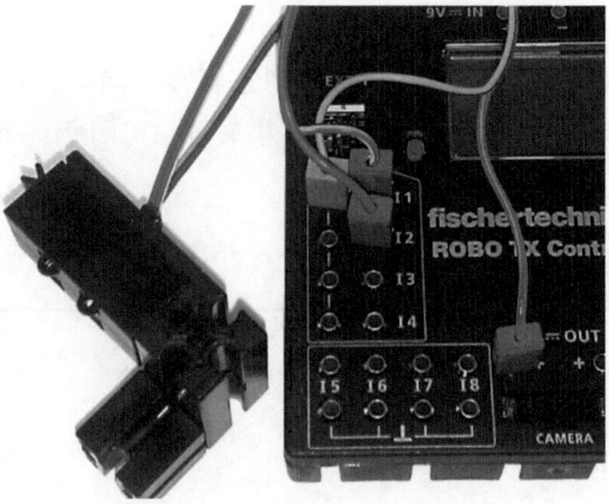

图 6-17　**轨迹传感器连接方法**

号后，表明检测到黑线轨迹，机器人才可以启动。

3. 闪动子程序

大家知道，当检测不到黑线或到达黑线末端时，机器人停止，两个指示灯闪动 3 次。如图 6-19 所示，同学们可以为机器人编写一个“Blink”（闪动）功能的子程序。

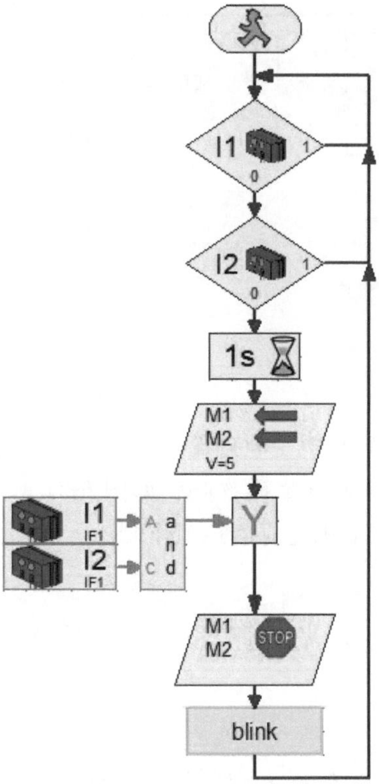

图 6-18　**检测黑线程序**

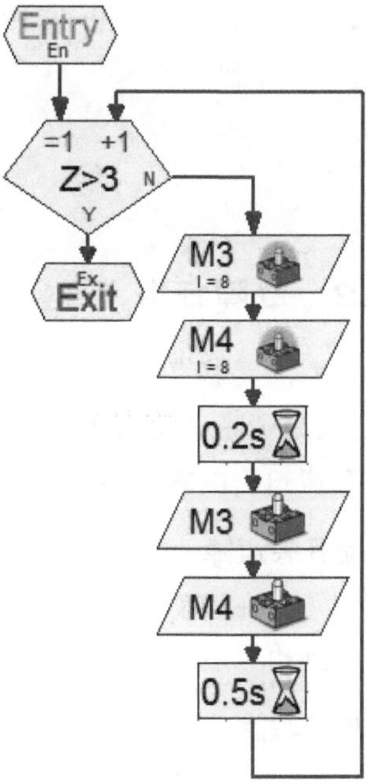

图 6-19　**指示灯子程序**

4. 寻找黑线

如图 6-20 所示，如果机器人找不到轨迹，则它旋转一圈寻找轨迹，如果没有检测到黑线轨迹，则机器人继续前行一段距离寻找；如果转了 10 圈仍未能找到轨迹，则机器人停止。

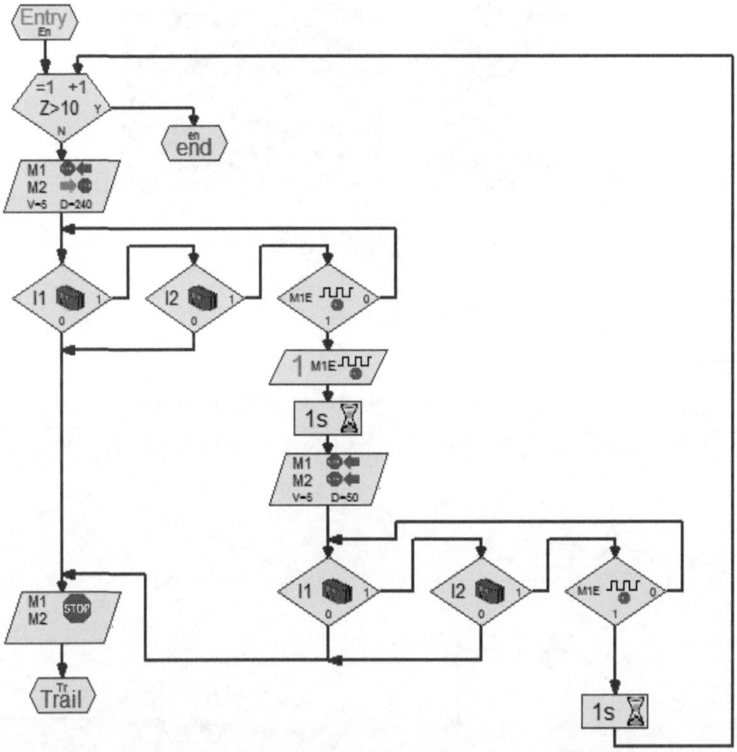

图 6-20 **寻找黑线子程序**

6.2.3 避障任务

你的机器人能够直线前行，能够转向行走，独立完成规定轨迹的行走任务。你有没有想过，机器人遇到障碍物怎么办？它能够像人类一样避开障碍物吗？如图 6-21 所示，设计一个具有清扫功能的机器人，连接到 M3 端口的电动机完成清扫工作。

1. 微动开关避障

同学们可以在移动机器人的基础上，增加微动开关。如图 6-22 所示，机器人碰到障碍物或检测到边界后，电动机后退转弯，完成避障任务。

2. 避障子程序

如图 6-23 所示，编写“Avoid”（避障）子程序，如果机器人碰到障碍物或者检测到边界，就会启动“Avoid”子程序，电动机后退转弯。

上面的程序使用了微动开关避障，同学们也可以使用超声波距离传感器让机器人完成避障任务，我们将会在后面的内容中学习到。

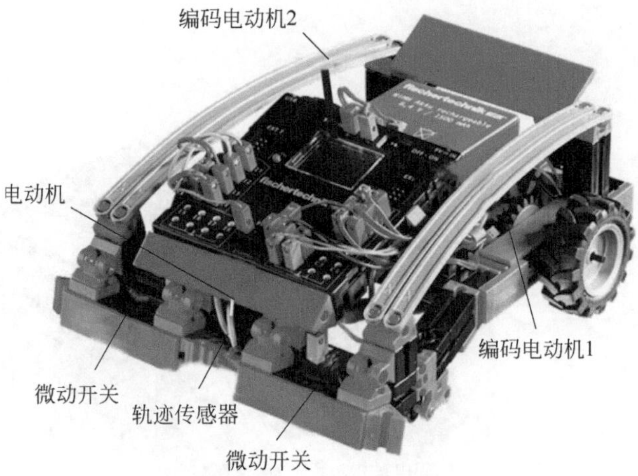

图 6-21　**清扫机器人**

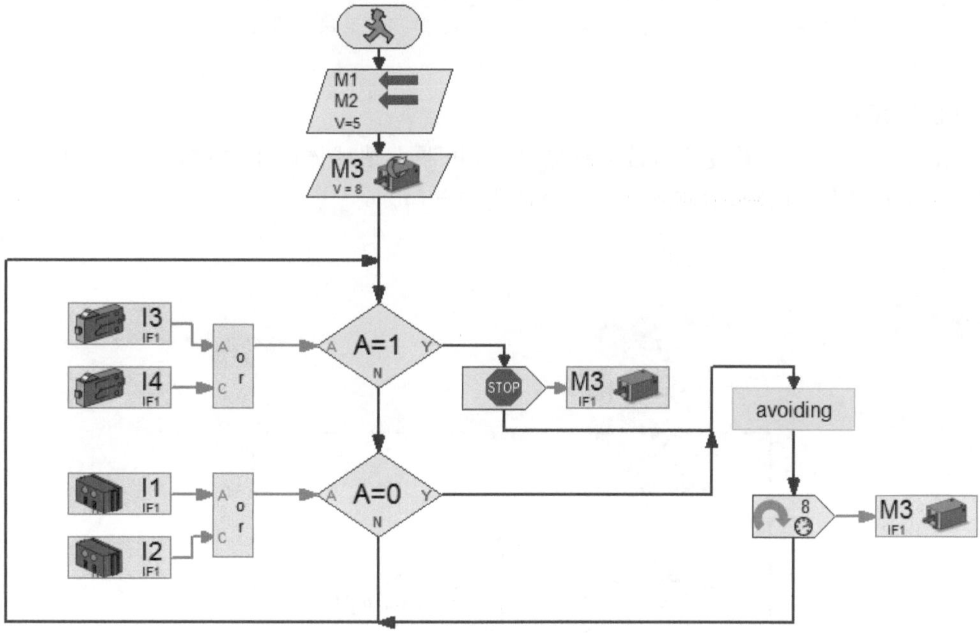

图 6-22　**避障主程序**

6.2.4　踢球任务

1. 踢球机构

如图 6-24 所示，足球机器人与前面提到的机器人结构不同，需要同学们为机器人设计一款四连杆踢球机构，同时需要额外加上一个光敏传感器检测足球，用连接到 M3 端口的电动机完成踢球动作。

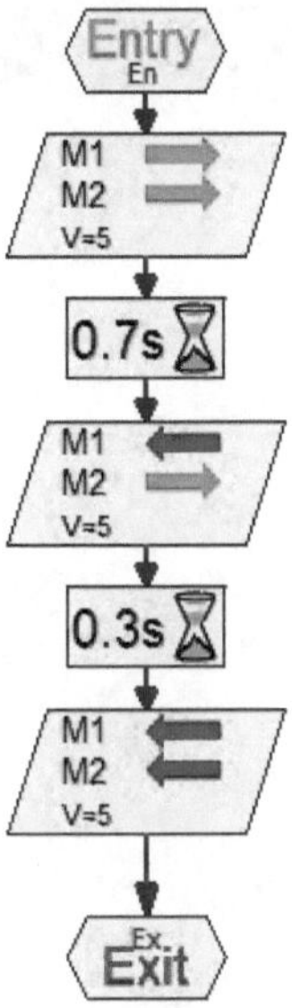

图 6-23　**避障子程序**

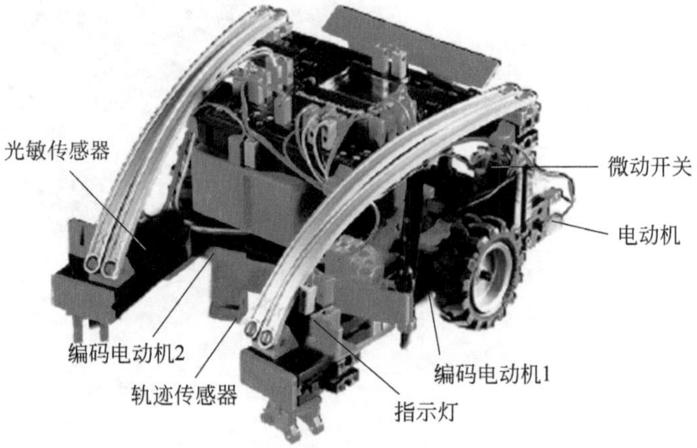

图 6-24　**足球机器人**

2. 踢球规则

如图 6-25 所示，光敏传感器检测到球体后，机器人把球体踢出去；罚球时，机器人在黑线后面，机器人先助跑，检测到球体后将球踢向球门。

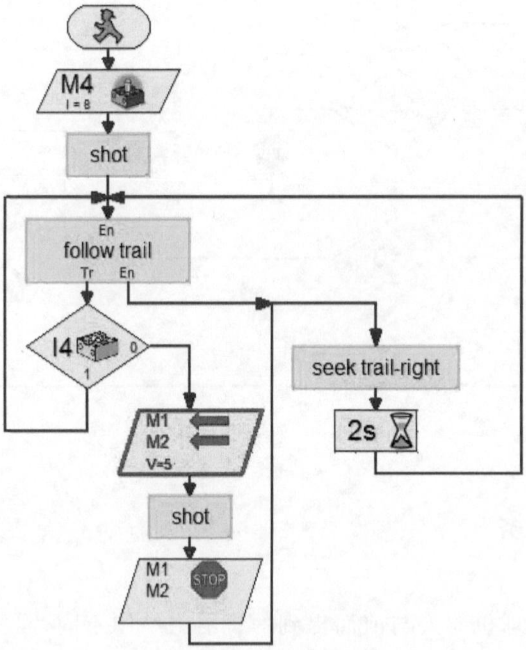

图 6-25　**踢球程序**

机器人踢球任务与避障任务基本相同，主要是结构上差异很大。在实际设计过程中，同学们可以根据需要，设计出更加科学、合理的踢球机构。

6.2.5　运输任务

如图 6-26 所示，使用叉车机器人模拟运输任务，光敏传感器检测轨迹线，用连接到 M3 端口的电动机控制叉子的升降。

图 6-26　**叉车机器人**

1. 限位子程序

如图 6-27 和图 6-28 所示，叉车搬运货物时，我们不希望叉子在太高或太低的位置，这就需要一个"travel position"（行程限位）的子程序。

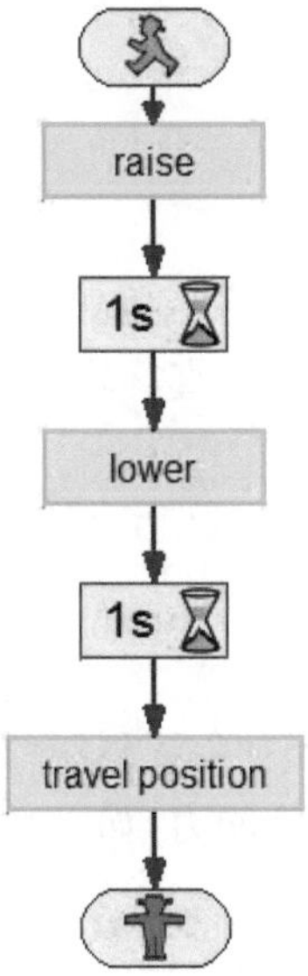

图 6-27　**叉子升降程序**

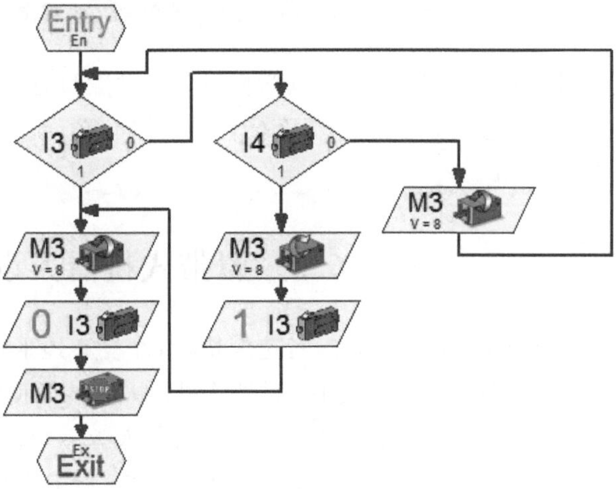

图 6-28　**行程限位子程序**

2. 提货/卸货子程序

如图 6-29 所示，叉车机器人要从 A 点开始，提取一板货物，沿着轨迹把货物送到 B 点，然后卸下货物。同学们可以为机器人编写两个子程序，使叉车到达轨迹的末端时，会把一板的货物"Pick up pallet "(提取)或"Unload pallet"(卸下)。

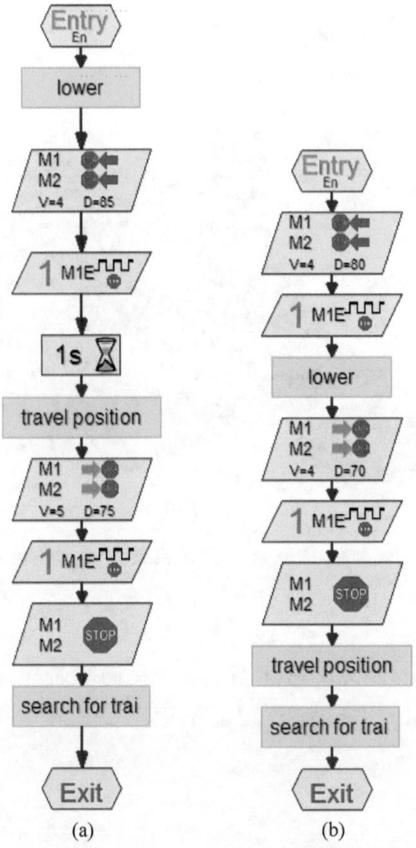

图 6-29 提货/卸货子程序

为了让你的叉车更加智能，同学们可以尝试编写更加完善的任务程序。例如，叉车旋转或前进时，红色指示灯亮着；叉车转弯前，稍向前行走一段距离，否则一直旋转，可能找不到轨迹等。

6.3 履带式机器人设计

轮式机器人的结构精巧，运行速度快，但在复杂地形中，其行走能力会受到制约。如图 6-30 所示，与轮式机器人相比，履带式机器人有着优良的承载和越障能力，如采集矿石的巨型机器、探索埃及金字塔的小型履带机器人等。

在控制方法上，轮式和履带式机器人基本相似，主要是在行走机构的差异。同学们可以设计一款越野能力强的履带式机器人。

图 6-30 **履带式机器人**

6.3.1 综合设计

如图 6-31 所示，设计的探索机器人需要使用超声波距离传感器、颜色传感器、红外线轨迹传感器和编码电动机等装置。制作出的机器人会更加智能，可以很容易地穿越崎岖不平的地形。

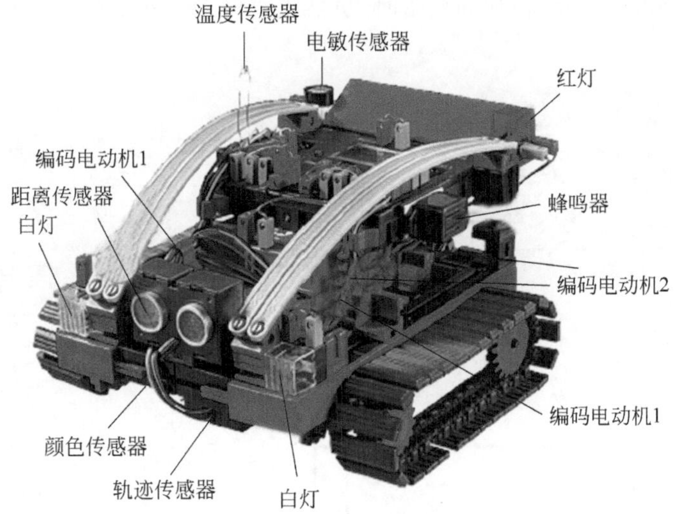

图 6-31 **探索机器人**

1. 避障任务

如图 6-32 所示，使用超声波距离传感器完成避障任务，当机器人距离障碍物不到 60cm 时，速度减至一半；当距离障碍物 40cm 时，机器人停止。如果有障碍物走近机器人，则在距离 20cm 时它会慢慢后退，若距离只有 10cm，它会快速后退。

超声波距离传感器检测障碍物与前面学习到的微动开关完成避障任务相比，距离传感器减少了机器人与障碍物的碰撞，增强了安全性。距离传感器避障任务的控制程序相对简单，同学们也可以选用其他类型的传感器，让你的机器人更加聪明。

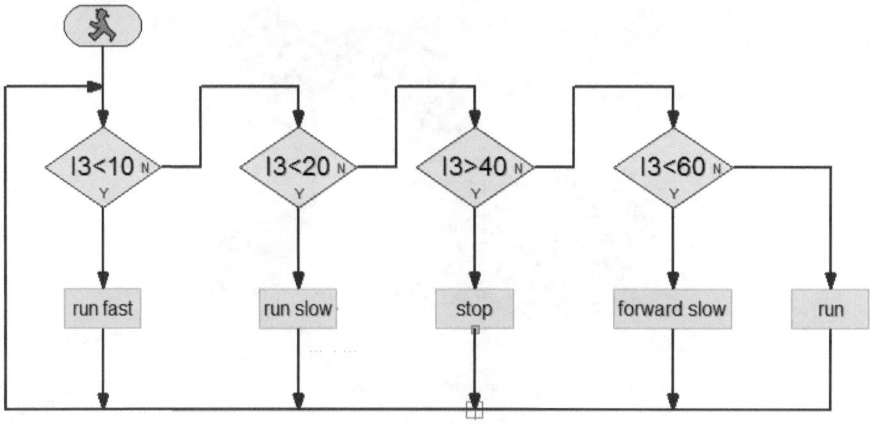

图 6-32　**距离检测障碍物程序**

2. 复杂任务

如图 6-33～图 6-37 所示，为探索机器人添加轨迹传感器、颜色传感器、温度传感器和光敏传感器，当检测到不同的颜色时，机器人会发出不同的声响；如果周围的环境温度过高，机器人会闪动红色指示灯；房间变暗时，机器人打开两个车头灯；房间变亮时，机器人关闭车头灯。

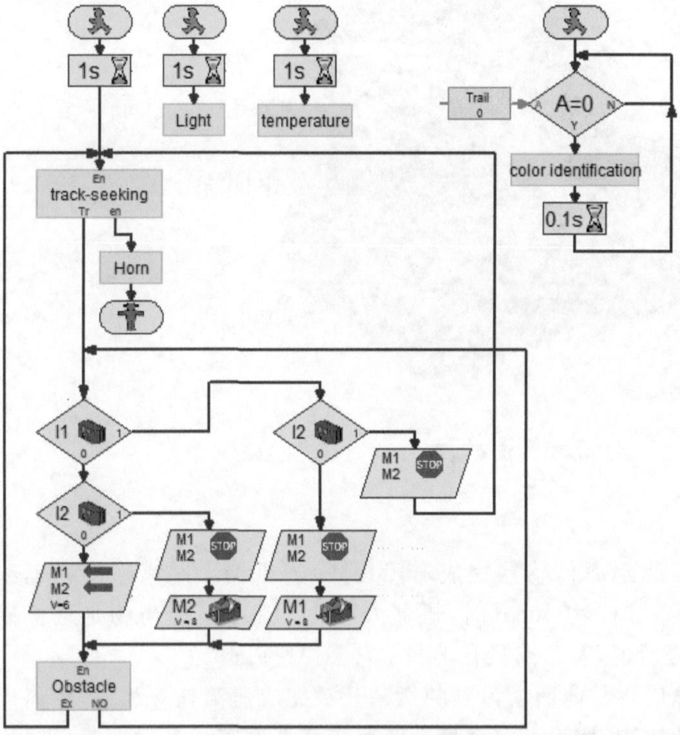

图 6-33　**探索者主程序**

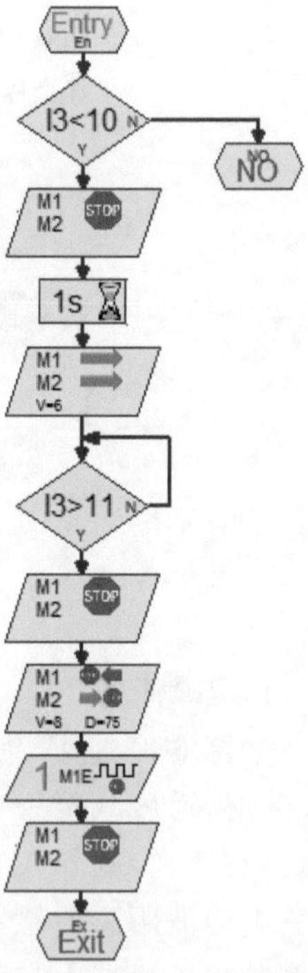

图 6-34　**避障子程序**

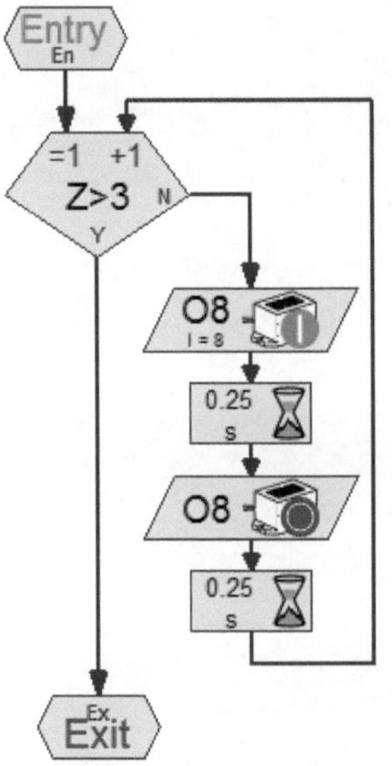

图 6-35　**报警子程序**

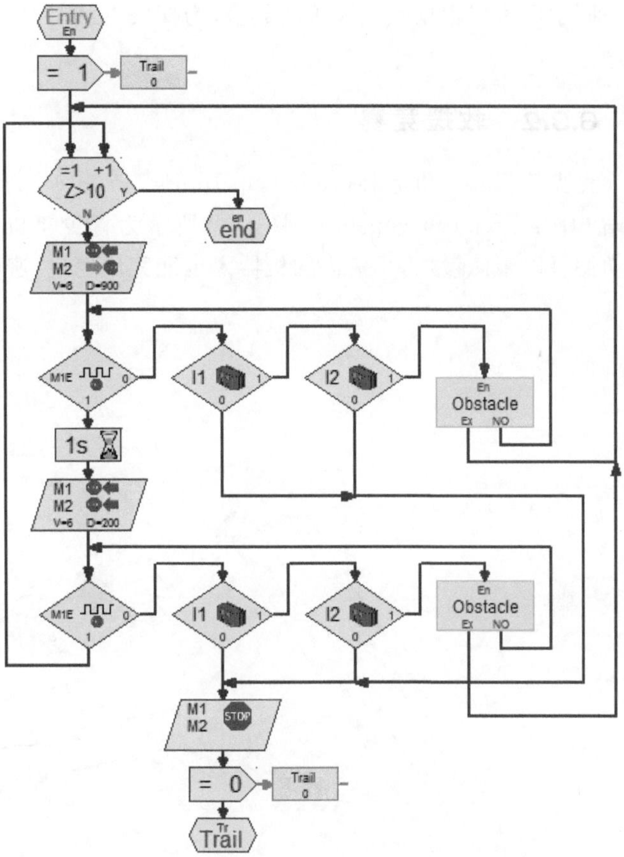

图 6-36　**寻迹子程序**

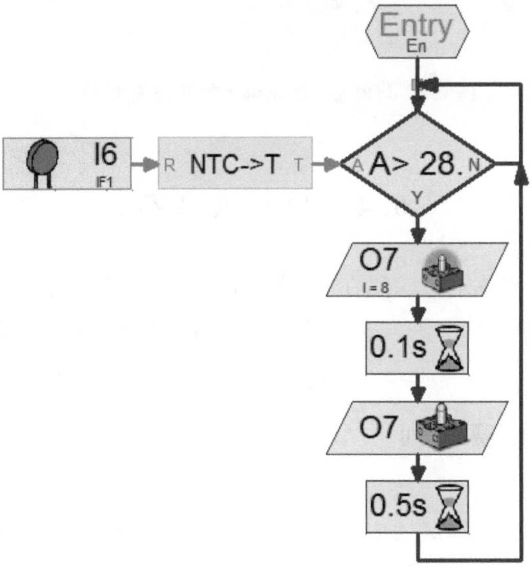

图 6-37　**温度控制子程序**

同学们可以根据颜色区域的数值，为探索者编写“Color identification”(颜色识别)子程序。

6.3.2 救援竞赛

青少年机器人世界杯(RoboCup Junior)是一项全球性的教育活动，更多信息可浏览网站 http://rcj.robocup.org。图 6-38 所示为青少年机器人世界杯的救援联赛场地图，同学们可以组队参加，相信你的机器人也能完成巡迹、避障、爬坡和救援的任务。

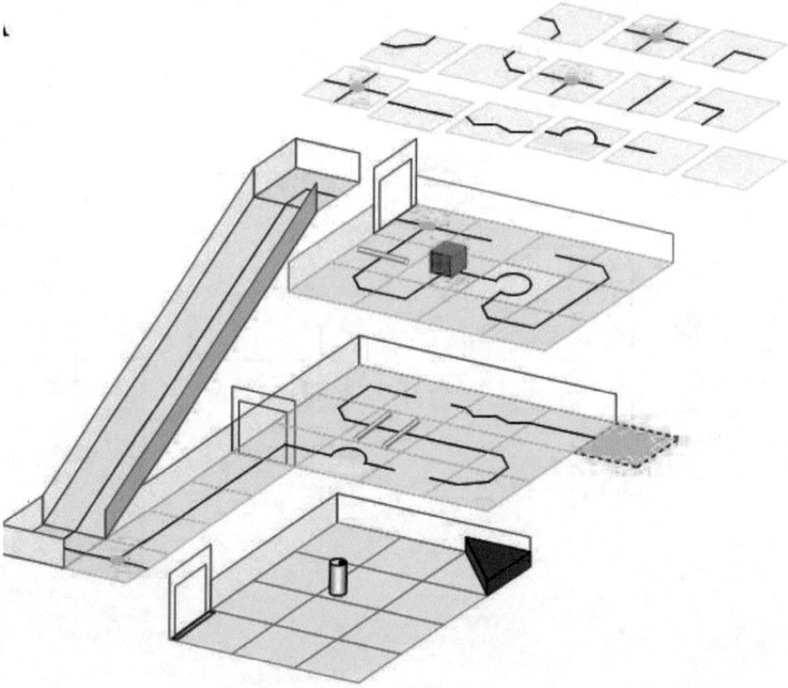

图 6-38 RoboCup Junior 救援联赛场地

6.4 机器人竞赛

机器人已经具备了多种能力，现在请同学们举办一场机器人运动会。下面提供的大力士比赛和接力比赛规则仅供大家参考，同学们也可以设计出更加丰富多彩的运动赛项。

6.4.1 大力士比赛规则

1. 比赛任务

参赛队机器人在指定竞赛区域内，在不破坏机器人结构的基础上，完成重物的搬运工作，以 A=机器人完成搬运重物重量总和/(机器人重量×比赛时间)，作为比赛成绩。

2. 比赛标准

1）场地

竞赛场地为 5m×1.5m 的长方形平面，示意图中尺寸供练习和实践时参考，竞赛场地的实际尺寸与示意图给定尺寸基本相同，但允许有 0.5cm 范围内的制作误差。

地板为光滑的木质白色表面，地板允许有接口，接合处平整并为同样的白色。最终竞赛场地以当天现场提供为准。

2）照明

竞赛场地周围的照明根据比赛实际场地条件确定。参赛队员在竞赛前将有时间了解场地及周围环境灯光，竞赛期间的照明条件是相对稳定不变的。

3）机器人

机器人整体外形尺寸在静止和运动状态下，都应保持在 30cm×30cm×30cm 之内，包括机器人的装饰物均属于机器人的一部分，对机器人的重量不作限制。

3. 比赛规则

（1）参赛队机器人需要在 8min 内往返于起点和终点，依次完成 5 个不同重量重物的搬运任务，重物存放于起点处。

（2）重物质量分别为 0.5kg×1、1kg×2、1.5kg×2，外形尺寸在 20cm×20cm×20cm 内，正式比赛时允许各参赛队使用自行制作的重物。

（3）每轮比赛参赛队员可以辅助机器人承载和卸载重物，但机器人必须独立完成搬运工作。

（4）每次负载过程，机器人必须从起点出发，机器人全部通过终点线成绩记为有效。

（5）参赛队都在规定的时间内完成所有搬运任务，比赛成绩记为：A＝机器人完成搬运重物重量总和/(机器人重量×比赛时间)。

（6）如果机器人中途掉落货物，则需要重新从起点出发。本次装载及掉落货物一同回到起始区重新搬运，取回前需要向裁判提出申请，经过裁判同意方可取回。

（7）参赛队都在规定的时间内未完成所有搬运任务，比赛成绩记为：A＝机器人完成搬运重物重量总和/(机器人重量×比赛时间)。

（8）比赛过程中，机器人必须在场地内完成搬运任务，超出白色场地视为犯规，机器人必须从起点重新出发完成该重量重物搬运。

4. 比赛要求

1）竞赛方式

（1）每组参赛队有裁判员 2 名，1 名裁判计时，记分员 1 名，1 名裁判测量机器人外形尺寸及重量，观察机器人比赛过程，对违纪行为进行裁决。

（2）参赛队队员可以进入比赛场地，指导教师不得进入比赛场地。

（3）每支参赛队有 3 次机会，以最好成绩作为比赛成绩。

2）竞赛顺序

（1）参赛选手和所制作的机器人通过抽签确定参加竞赛的先后次序。

（2）所有机器人第一轮比赛结束后再开始下一轮比赛。

(3) 在两轮比赛之间,参赛选手可以调整和修理机器人,更换电池,但不允许更换机器人。

(4) 前一个参赛队机器人比赛时,后一个参赛队队员应做好准备,等待裁判员检录。

(5) 每个队员有2min时间进入赛场准备,准备工作完毕后示意裁判。2min内没有准备好的机器人将丧失这一轮比赛资格,并被记录为一次无成绩,但不影响参加下一轮比赛。

(6) 队员进入竞赛场地,进行2min调试和适应场地后,由1名队员将机器人放置在起始位置,裁判员下达开始命令后比赛开始,队员启动机器人。

(7) 3轮比赛完成后,队员回答裁判员提出的问题,答辩结束后迅速离场,不得影响其他参赛队比赛。

3) 时间限制

机器人需在8min内完成指定任务,在8min之后仍未完成任务,裁判员将终止该参赛选手及机器人的该轮比赛,比赛时间按照8min记录。

4) 停表

仅在以下情况下停表:

(1) 机器人完全按照比赛规则进行比赛,完成最后一个搬运任务。

(2) 超出相应任务最大时间限度。

(3) 队员请求停表终止本轮比赛,记录为一次无成绩。

5) 本轮比赛终止

比赛中由于各种情况没有完成所有规定任务而提前结束的比赛,称为比赛终止。

5. 评分标准

(1) 每轮得分A=机器人完成搬运重物重量总和/(机器人重量×比赛时间)。

(2) 在本次竞赛中,每个参赛选手有3轮比赛机会,最终成绩取3次得分中最好成绩。

6. 大力士比赛场地

此内容参见附录。

7. 任务分析及设计

从比赛规则来看,大力士争霸赛主要考核机器人在规定时间内搬运货物的综合能力,因此,在机器人设计方面需要全面考虑结构设计和编程方法对比赛成绩的影响,下面分别从以上两个方面进行分析和设计。

1) 行走类型

大力士机器人为了实现货物搬运,可以采用轮式行走和履带式行走两种方式,如表6-1所示。这两种方式各有利弊,可根据实际情况进行选择。

2) 电动机选择

电动机提供机器人行走的驱动力,电动机的类型和数量是大力士机器人设计的重点,常用的几种电动机介绍参见表6-2。

表 6-1　**机器人行走方式**

行走类型	图　示	特　点
轮式机器人		行走速度快，操控灵活
履带式机器人		行走稳定，承载能力大

表 6-2　**常用电动机介绍**

电动机类型	图　示	特　点
XS 电动机	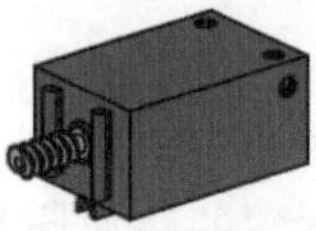	转速快，体积小，带负载能力小，配合齿轮箱使用
XM 电动机	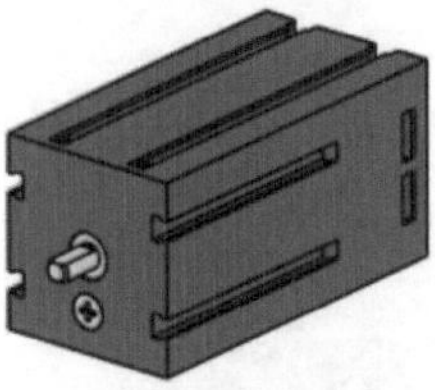	转速慢，体积较大，负载能力最强，可直接负载
编码电动机		外形与 XM 电动机大小相同，负载能力略小于 XM 电动机，内部带有编码器，可实现多个电动机的同步

轮式设计可以使用单电动机两轮驱动、双电动机两轮驱动、双电动机四轮驱动、四电动机四轮驱动等方案，同学们可以根据需要进行设计。双电动机两轮驱动结构比较简单，同时增加了驱动力，如图 6-39 所示。

图 6-39 **双轮双驱动机器人**

3）改进结构

由于出厂时不能保证每个电动机完全相同，双电动机两轮驱动时，可能出现直线跑偏的问题，建议通过改进结构和程序控制解决跑偏的问题。

采用四轮驱动时，将两个前轮和两个后轮分别用轴连接，轴齿轮与电动机输出齿轮直接啮合。如图 6-40 所示，将前轮和后轮刚性连接，保证两轮的转速同步，大大降低了跑偏情况，前轮与后轮的转速差可以不予考虑。

图 6-40 **同轴结构**

4）程序控制

如图 6-41 所示，设置两个编码电动机同步解决跑偏问题。

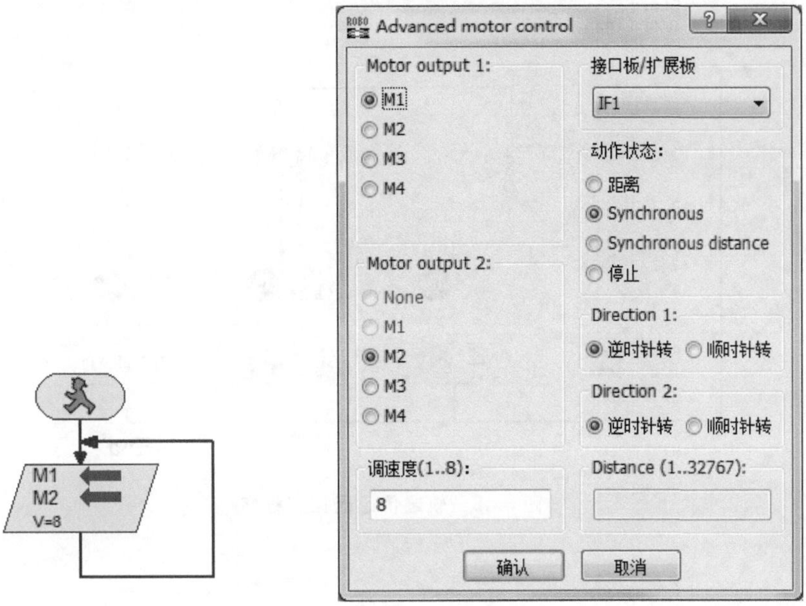

图 6-41　**设置编码电动机**

如图 6-42 所示，如果两个编码电动机动力不足，可以采用四电动机四轮驱动结构，编写四轮同步子程序。

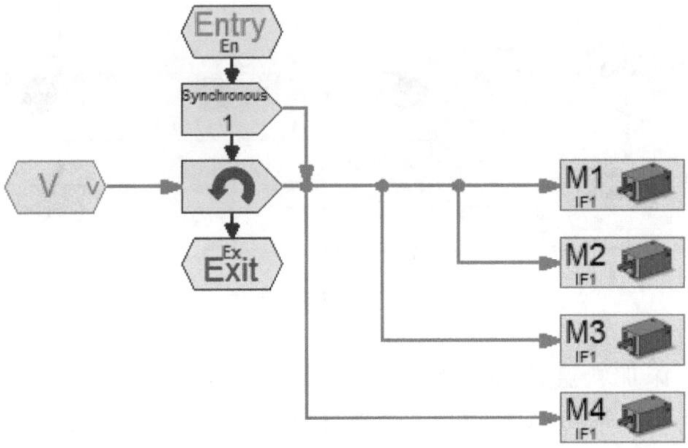

图 6-42　**四轮同步子程序**

5）轨迹传感器

如果采用上面两种方案，机器人还是出现跑偏问题，可以添加轨迹传感器来解决这种情况的发生。图 6-43 所示为轨迹传感器的控制程序，实际赛道中会有一条黑线，机器人可以沿黑线直线前进。

如图 6-44 所示，添加轨迹传感器的双电动机驱动程序。

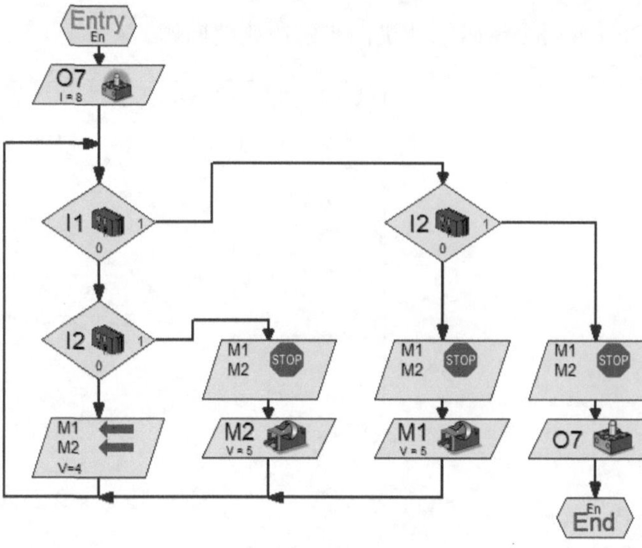

图 6-43　**轨迹传感器控制程序**

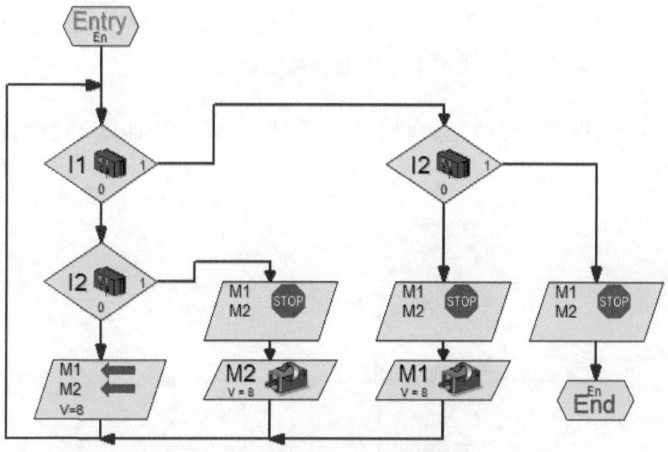

图 6-44　**双轮驱动程序**

如图 6-45 所示，添加轨迹传感器的四电动机驱动控制程序。

提示：这种方法解决机器人跑偏时，由于传感器会不断检测轨迹线，机器人做出微调动作，可能会影响直线速度。

6）机架与配重设计

机器人的机架和配重设计是一项综合任务，物体重量和机器人自重均衡地传递到车轮上，从而保证机器人运行的稳定性。两轮驱动时，机器人重心位于驱动轮与支撑轮之间；四轮驱动时，机器人重心位于前、后轮之间。具体设计时，除去运输的货物外，主要是合理分配电池的重量，同学们可以针对实际情况进行设计。

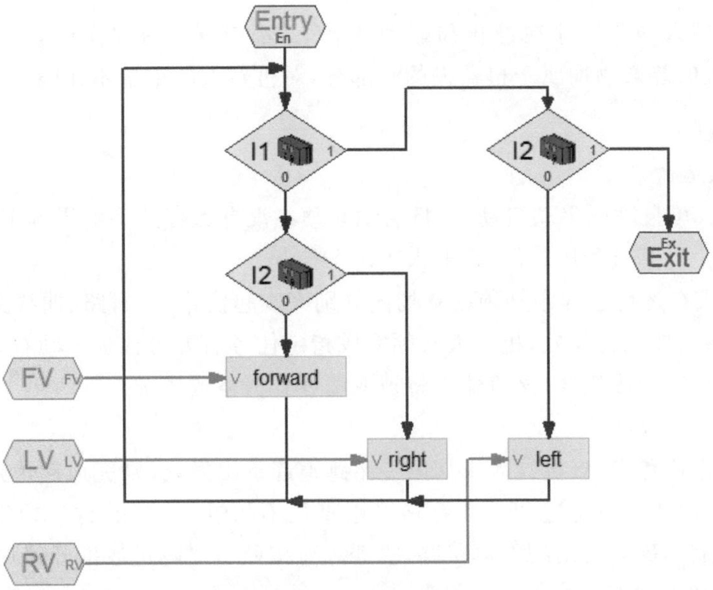

图 6-45　**四轮驱动程序**

6.4.2　越野接力赛比赛规则

1. 比赛任务

各参赛队机器人在指定比赛场地完成比赛任务的过程。参赛队制作两个机器人(分别称为机器人 1 和机器人 2),在一套模拟跑道上往返运动。比赛过程中,机器人必须在场地内完成越野任务,超出白色区域视为犯规,机器人 1 或机器人 2 必须从起点重新启动。

2. 比赛标准

1) 模拟跑道

(1) 竞赛场地平面结构示意图,最终竞赛场地以比赛现场提供为准。示意图中的尺寸供练习和实践时参考,竞赛场地的实际尺寸与示意图给定尺寸基本相同,但允许有 0.5cm 范围内的制作误差。

(2) 竞赛场地全长 4m,宽度为 3m,包含两条模拟跑道,轨迹线为 2cm 的黑色轨迹,地板为光滑的木质白色表面,地板允许有接口,接合处平整并为同样的白色。

机器人必须从竞赛场地中代表起始位置的正方形框中开始启动。如示意图中标有绿色的正方形,代表起点位置,标有红色的正方形,代表终点位置。代表起始位置的正方形为 30cm×30cm,参赛队员可以用一些装置来校正机器人在正方形中的位置。

2) 场地照明

竞赛场地周围的照明根据比赛实际场地条件确定。参赛队员在竞赛前将有时间了解场地及周围环境灯光,竞赛期间的照明条件是相对稳定不变的。

3）机器人

参赛队机器人外形尺寸在静止和运动状态下，都应保持在 30cm×30cm×30cm 之内，包括机器人的装饰物均属于机器人的一部分，对机器人的重量不作限制。

3. 比赛规则

1）机器人运行

（1）机器人可自动或手动启动，一旦启动必须在没有参赛选手的干预下自动控制，即机器人必须是由计算机程序控制，而非人工现场控制。

（2）机器人在运行过程中必须在赛场内分别完成起伏路、砂石路、曲线路和障碍路运动，运动过程中出界视为无效，机器人必须完成指定任务后方可视为运动有效。如果裁判员认为机器人作弊完成比赛，该机器人将被取消参赛资格或成绩。

2）机器人 1 比赛项目

裁判员发出比赛指令，机器人 1 从第一条跑道起点出发，分别完成起伏路和砂石路到达终点，起伏路面坡度不超过 25°，砂石路采用直径不超过 3mm 的竹（木）签或者直径不超过 5mm 的颗粒，砂石可出现在起伏路，机器人可按照需要越过或推开碎片。

3）机器人 2 比赛项目

机器人 1 到达第一条跑道终点，机器人 2 从第二条跑道起点出发，完成曲线路和避障两项任务，障碍物为圆柱形重物，机器人必须在不移动障碍物的前提下绕行，障碍物如被机器人撞倒，机器人 2 必须回到起点重新开始比赛。

4）机器人接力信号

机器人 1 与机器人 2 之间接力信号可通过指示灯示意和队员手动启动或者通过慧鱼无线蓝牙传输信号自动启动两种模式。

4. 比赛要求

1）竞赛方式

（1）每组参赛队有现场裁判和场边裁判各 1 名，记分员 1 名。现场裁判负责计时、维持现场秩序和判定违规与否，场边裁判负责对队员进行提问。

（2）参赛队队员可以进入比赛场地，指导教师不得进入比赛场地。

（3）每支参赛队有 3 次机会，以最好成绩作为比赛成绩。

2）竞赛顺序

（1）参赛选手和所制作的机器人通过抽签确定参加竞赛的先后次序。

（2）竞赛顺序不得改变，因为每轮参赛队完成竞赛所需时间不确定，每一轮竞赛开始的时间不固定。

（3）所有机器人第一轮比赛结束后再开始下一轮比赛。

（4）在两轮比赛之间，参赛选手可以调整和修理机器人，更换电池，但不允许更换机器人。

（5）前一个参赛队机器人比赛时，后一个参赛队队员应做好准备，等待裁判员检录。

（6）每个队员有 2min 时间进入赛场准备，准备工作完毕后示意裁判。2min 内没有准备好的机器人将丧失这一轮比赛资格，并被记录为一次无成绩，但不影响参加下一轮比赛。

(7) 队员进入竞赛场地，进行 2min 调试和适应场地后，由队员将机器人放置在起始位置，并将启动方法告知裁判，比赛开始。

(8) 3 轮比赛完成后，队员达到裁判员提出的要求后迅速离场，不得影响其他参赛队比赛。

3）时间限制

机器人 1 和机器人 2 需在总共 8min 内完成指定任务。在 8min 内仍未完成任务，裁判员将终止该参赛选手及机器人的该轮比赛，比赛成绩按照 8min 记录。

4）停表

仅在以下情况下停表：

(1) 机器人 1 和机器人 2 完全按照比赛规则进行比赛，当机器人 2 到达第二条跑道起点时，信号灯闪烁。

(2) 超出相应任务最大时间限度。

(3) 队员请求停表终止本轮比赛，记录为一次无成绩。

5）本轮比赛终止

比赛中由于各种情况没有完成所有规定任务而提前结束的比赛，称为比赛终止。

5. 评分标准

1）得分

(1) 每轮得分＝实际时间。

(2) 在本次竞赛中，每个参赛选手有 3 轮比赛机会，最终成绩取 3 次得分中最好成绩。最终用时最少的机器人为胜出，该机器人制作者为优胜者。

2）运行模式

(1) 标准启动：机器人靠人工按钮启动。

(2) 裁判员发出指令信号后，机器人在 30s 内未启动，视为该轮比赛结束。

3）实际时间

实际时间为比赛结束裁判员停表时间。

6. 机器人接力赛场

此内容参见附录。

7. 任务分析及设计

越野接力赛主要考核机器人在规定时间内越障的综合能力，因此，在机器人设计方面需要全面考虑结构设计和编程方法对比赛成绩的影响。下面分别从以上两个方面进行分析和设计。

1）行走类型

越野机器人可以采用轮式行走和履带式行走两种方式，实际设计过程中，可根据具体情况选用机器人行走类型。

2）电动机选择

电动机提供行走的驱动力，电动机的类型和数量是机器人设计的一个重点。越野接力赛所有路段都需要巡线，机器人只能使用编码电动机，因此只需要考虑电动机的数量。

履带式设计方案中，4 个电动机驱动与两个电动机驱动的结构基本相同，双轮驱动结构简洁，转向过程简单，但越障能力较低；四轮驱动结构越障能力强，但转向时轮子与地面间出现滑动摩擦，会降低行驶的连续性。同学们可根据具体情况进行选择。

3）机架设计

越野机器人的机架设计主要考虑轻量化和稳定性两个方面，稳定性主要是保证机架的稳固，防止传动零件的错位，避免颤动卡死的现象，图 6-46 所示为常用的框架结构。

图 6-46　**框架结构**

越野接力赛中，机器人需要通过布满砂砾的障碍路，轮式结构可能会出现打滑现象，这时采用履带式方案比较合适。为了顺利完成避障任务，有必要为机器人配备轨迹传感器、超声波距离传感器和颜色传感器等。

4）寻线功能

如图 6-47 和图 6-48 所示，机器人利用轨迹传感器和编码电动机配合完成寻线任务。

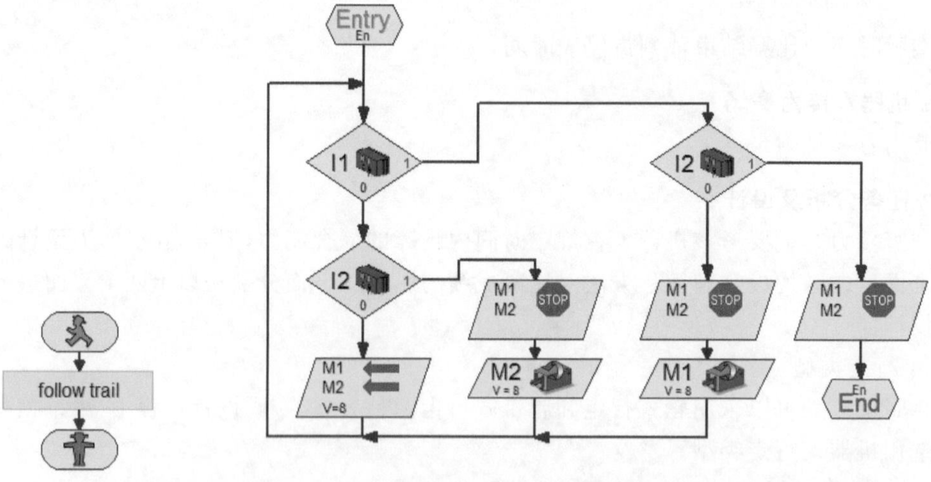

图 6-47　**两轮驱动机器人的寻线程序**

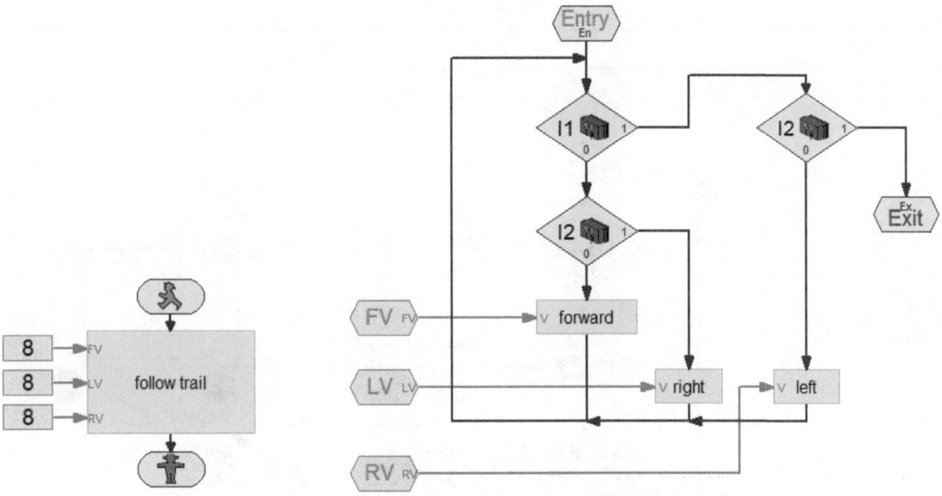

图 6-48　四轮驱动机器人的寻线程序

以上两个程序可以完成简单的寻线任务，当遇到直角转向、断线等特殊的路段，这两种方法就无法实现，同学们可以通过以下方式解决以上问题。

(1) 算法解决。如图 6-49 所示，通过程序算法直接解决丢线问题，表 6-3 所示为机器人寻线的子程序。

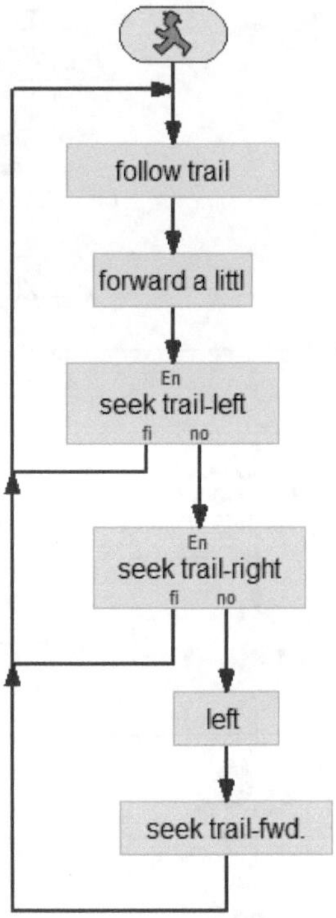

图 6-49　算法寻线的主程序

表 6-3　机器人巡线的子程序

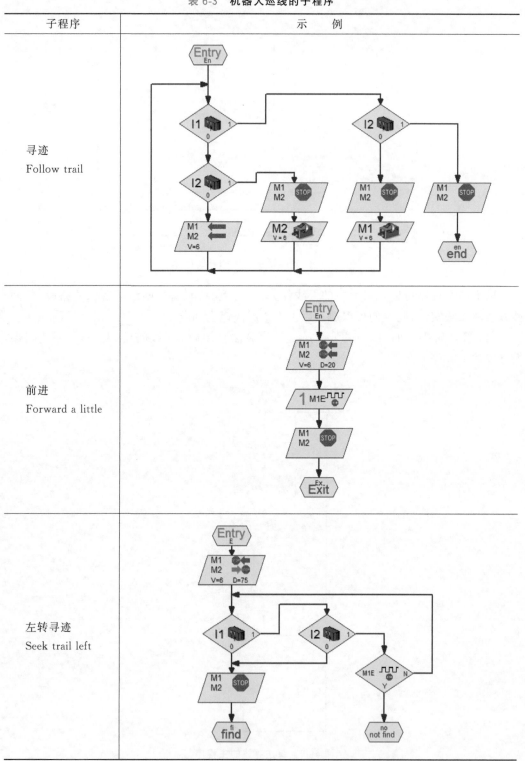

子程序	示　例
寻迹 Follow trail	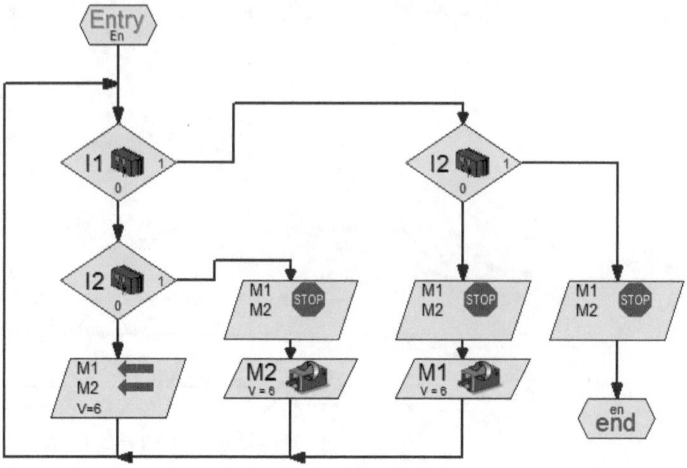
前进 Forward a little	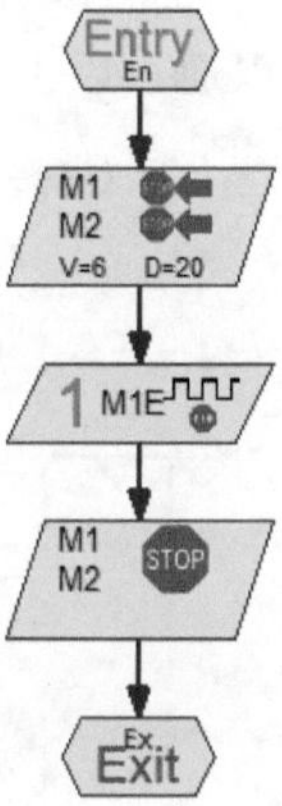
左转寻迹 Seek trail left	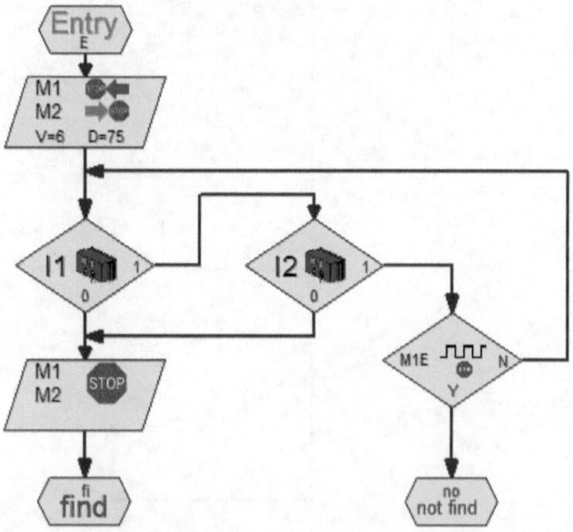

续表

子程序	示　例
右转寻迹 Seek trail right	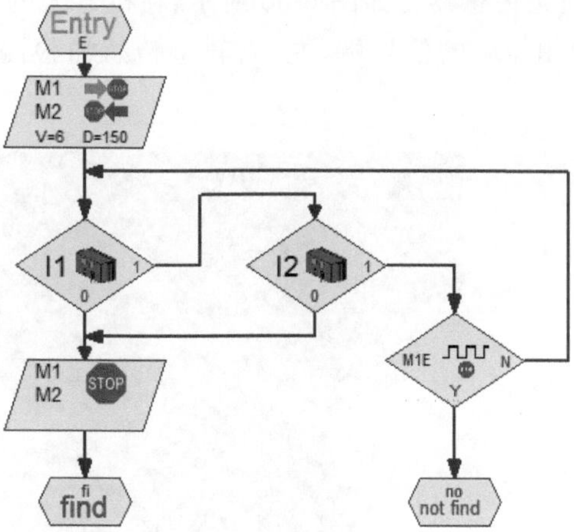
左转 Left	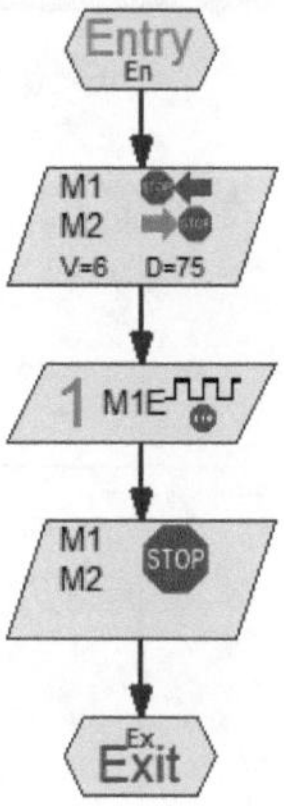
前进寻迹 Seek trail forward	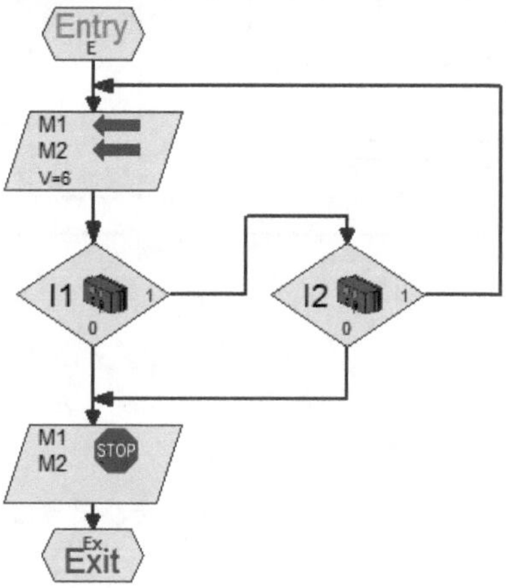

这里的寻线程序采用了优先向左寻线的原则，对于左转较多，同时断线较少的寻线区域，这种算法较为合适，同学们可根据实际赛道的情况编写控制程序。

(2) 增加轨迹传感器。如图 6-50 所示，在机器人的主轨迹传感器左右各添加一个轨迹传感器，只使用靠后的信号端，左、右轨迹传感器检测黑线，从而区分直角弯与断线的区别。

图 6-50　**四轮驱动结构**

图 6-51 所示为 3 个轨迹传感器的寻线程序，表 6-4 所示为 3 个传感器寻线的子程序。

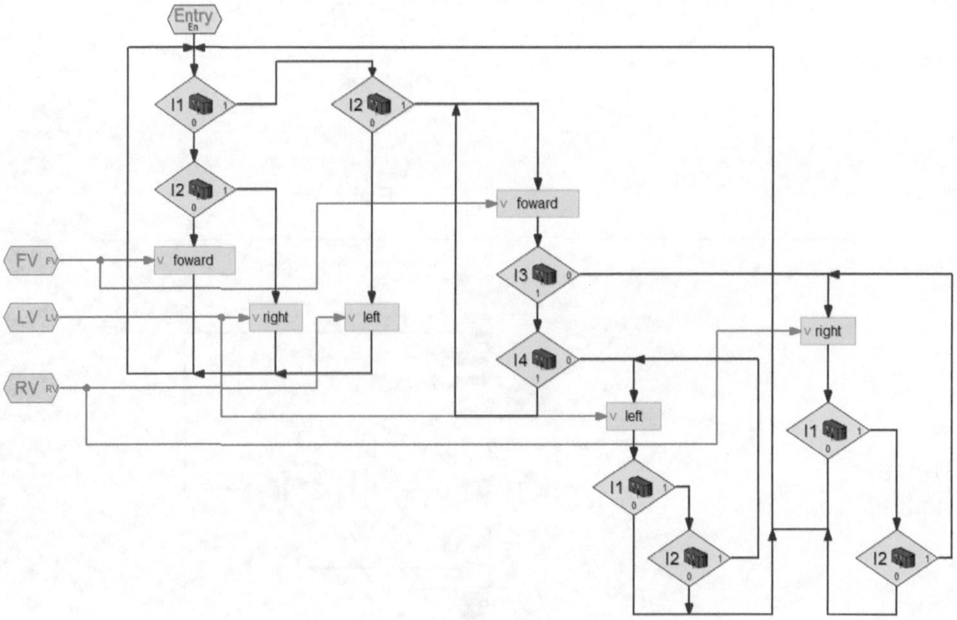

图 6-51　**3 个传感器寻线的主程序**

表 6-4　3 个传感器巡线的子程序

子程序	示　例
前进 Forward	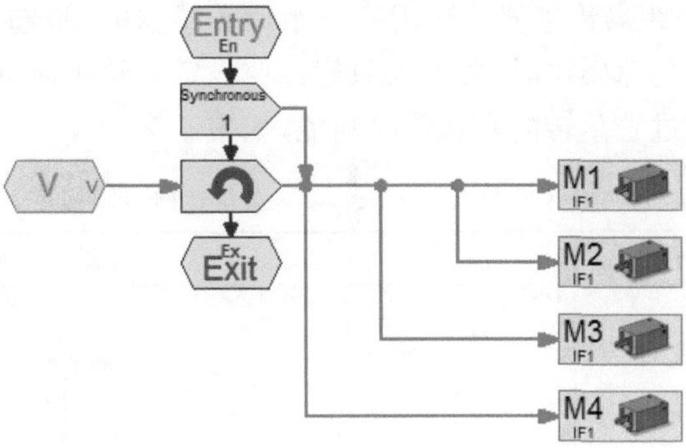
左转 Left	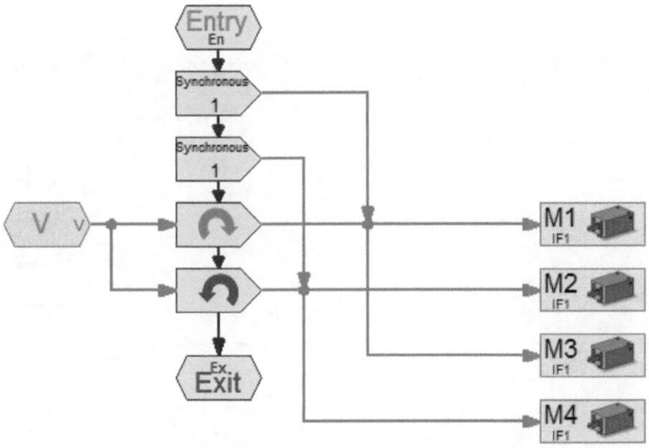
右转 Right	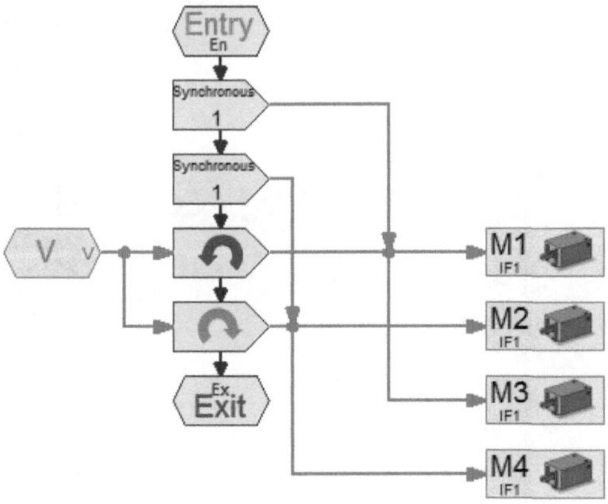

5）避障功能

为了避免机器人与障碍物碰撞，这里使用超声波距离传感器完成避障任务，同学们也可以根据需要选用多个距离传感器，以实现多方位避障。

（1）一个距离传感器。选用一个距离传感器时，将超声波距离传感器放置在机器人最前端，检测到障碍物时，机器人只能按照设定的轨迹前进，如直角转向、等角转向和圆弧转向，这里通过直角转向实现避障功能，如表 6-5 所示。

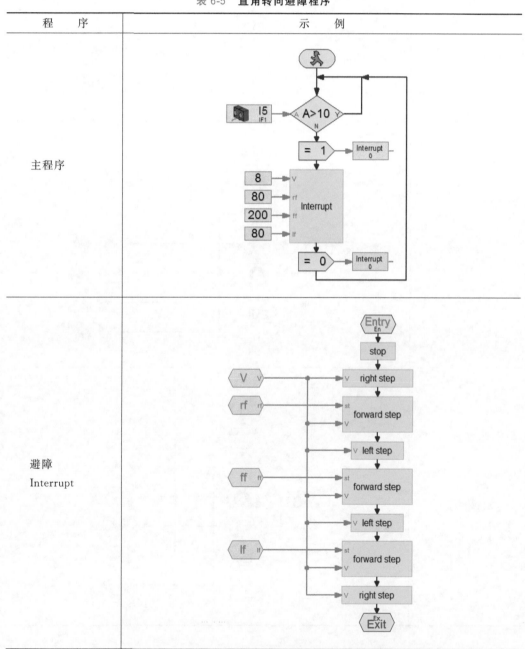

表 6-5 **直角转向避障程序**

程　　序	示　　例
主程序	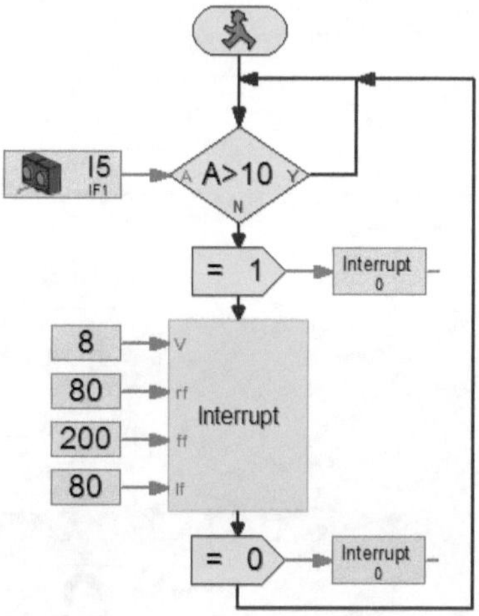
避障 Interrupt	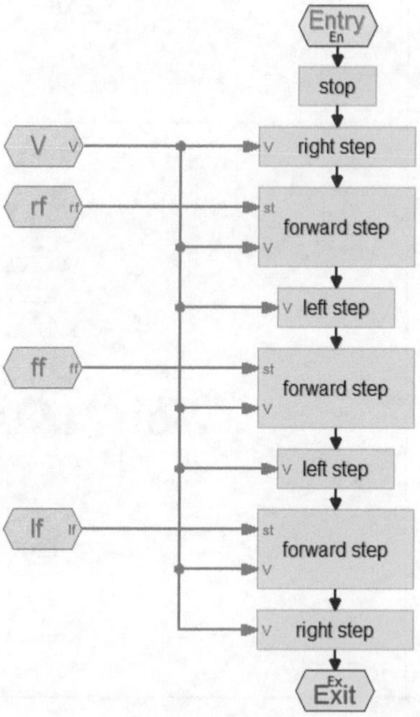

续表

程　序	示　例
停止 Stop	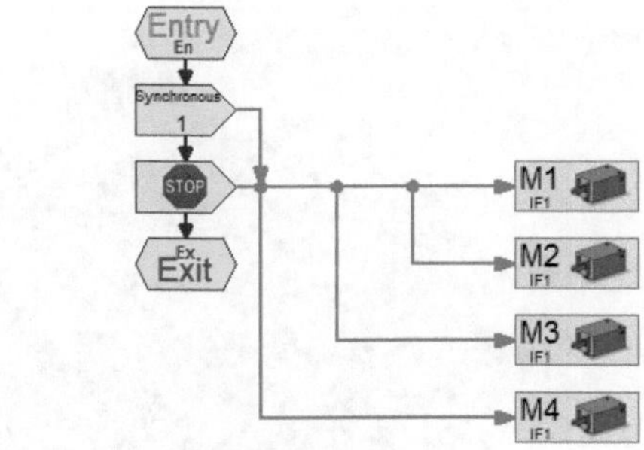
前进 Forward step	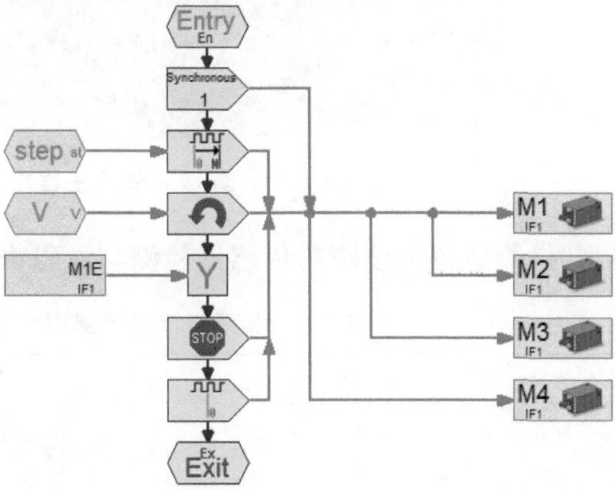
右转 Right step 左转 Left step	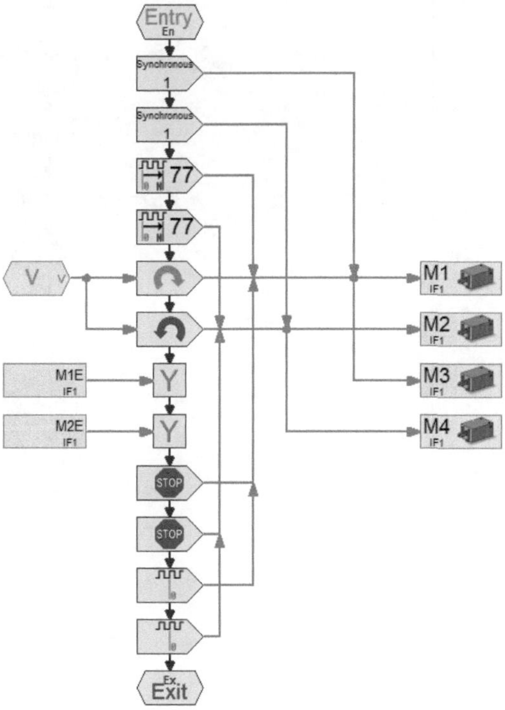

(2) 两个距离传感器。如图 6-52 所示,两个距离传感器,一个装在机器人前部,另一个装在机器人侧面。

图 6-52　**算法寻线的主程序**

遇到障碍物时,侧面超声波距离传感器检测与障碍物的距离,详见表 6-6。

表 6-6　**双距离传感器避障程序**

程　序	示　例
主程序	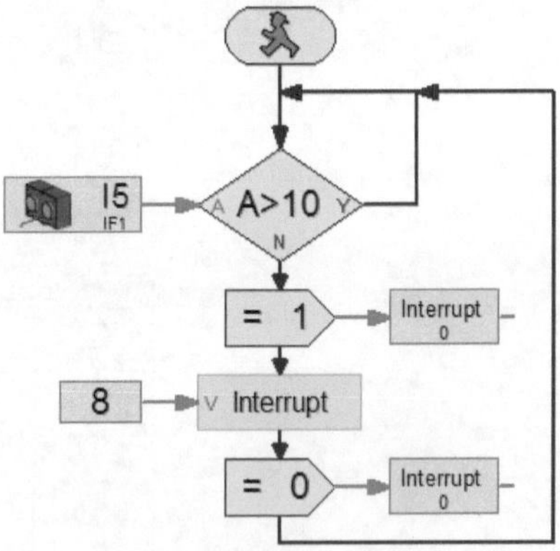
越障 Interrupt	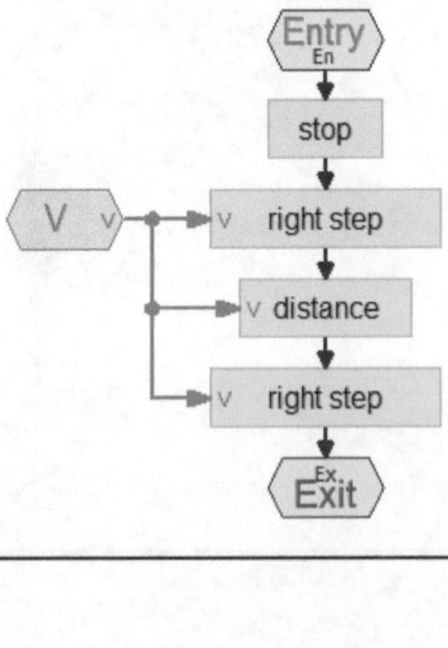

续表

程　　序	示　　例
停止 Stop 前进 Forward 右转 Right 左转 Left	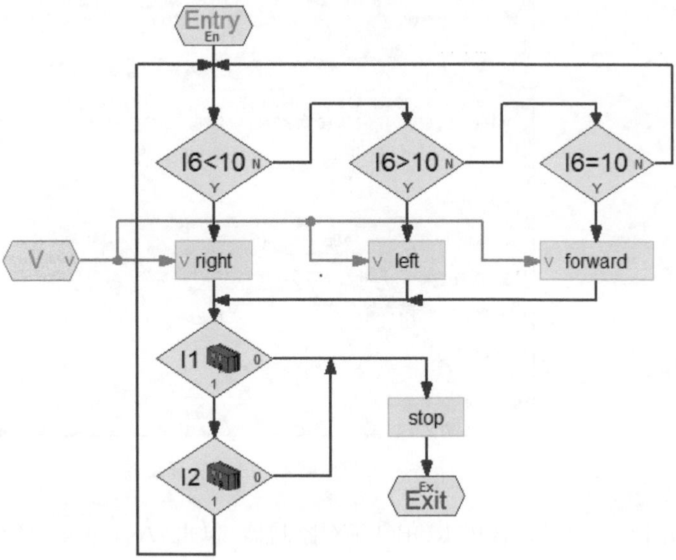

6）起跑接力

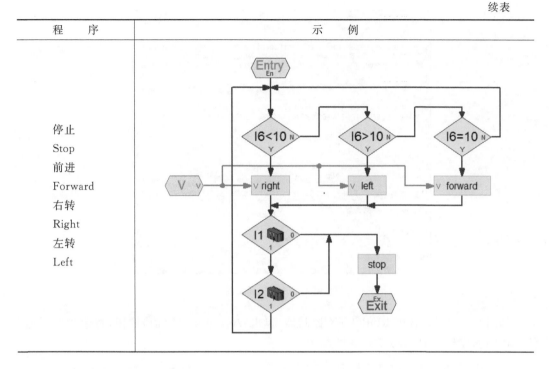

手动按下 ROBO TX 控制器的“Start”按钮，启动机器人 1；机器人 2 则有两种启动方法。

（1）人工启动。在机器人 1 完全进入红色终点区域停止后，选手按下机器人 2 启动开关。

（2）自动启动。机器人 2 保持开启，机器人 1 进入终点区域停止后，机器人 2 接收到机器人 1 发出的蓝牙信号，自动启动。

如图 6-53 所示，单击蓝牙图标，具有蓝牙功能的计算机搜索周围的控制器。

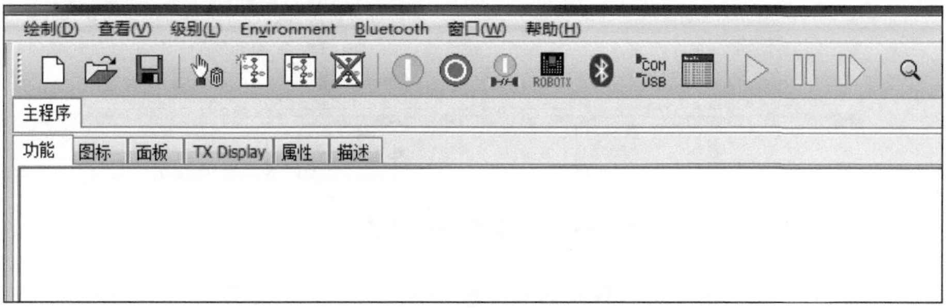

图 6-53　**启动蓝牙功能**

如图 6-54 所示，扫描完成后，找到两块控制器，设置控制器的通信接收号码为“RCN”。

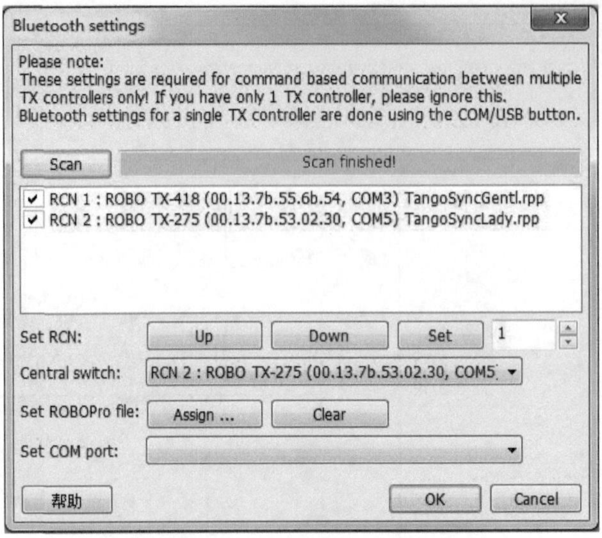

图 6-54　**扫描蓝牙设备**

如图 6-55 所示，选中 ROBO TX 控制器，单击“Assign...”（赋值）按钮，将包含蓝牙通信模块的程序导入 ROBO TX 控制器。

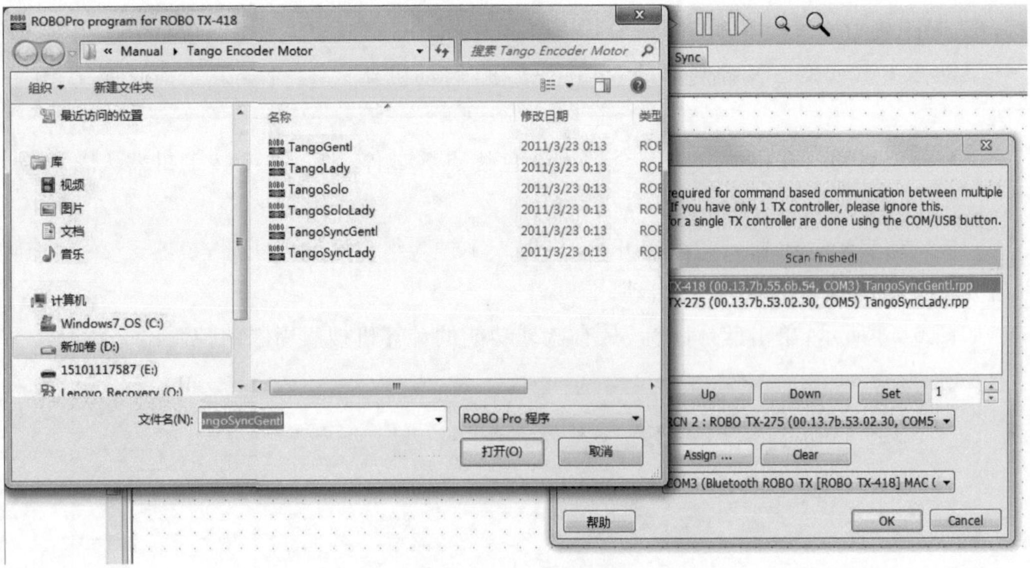

图 6-55　**蓝牙下载程序**

如图 6-56 和图 6-57 所示，下载程序时，包含蓝牙通信模块的程序只能通过蓝牙下载，蓝牙通信可以同时下载多个程序，USB 数据线每次只能下载一个程序。蓝牙模块的设置方法详见表 6-7。

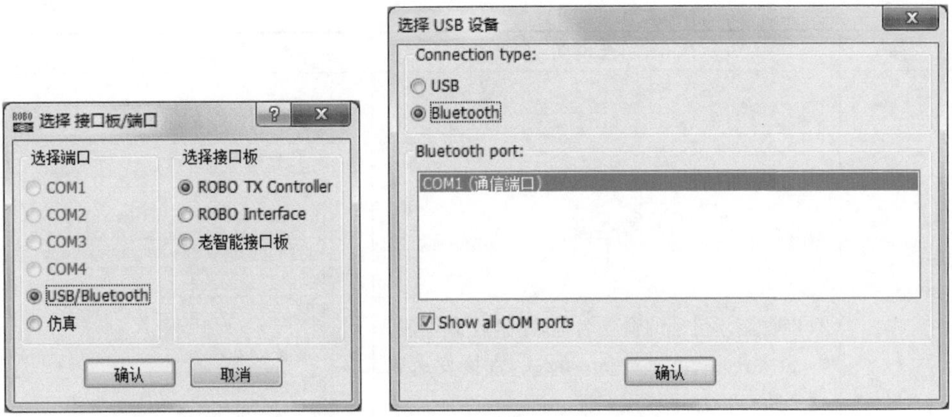

图 6-56　**设置蓝牙连接**

图 6-57　**下载蓝牙程序**

表 6-7　**蓝牙模块的设置**

名　称	图示及说明	设　　置
发射模块	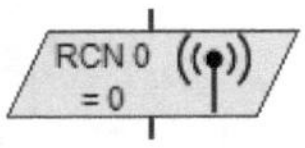 发送命令只能识别前 3 个字母，发送“=”、“+”、“-”等命令时，需要给命令赋值，RCN 值确定接收蓝牙信号的 ROBO TX 控制器	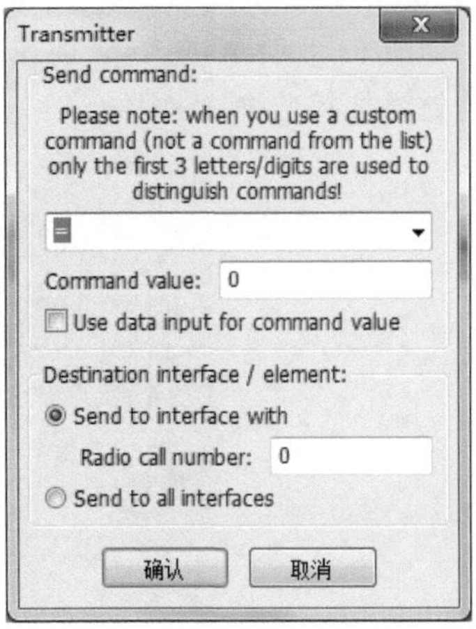

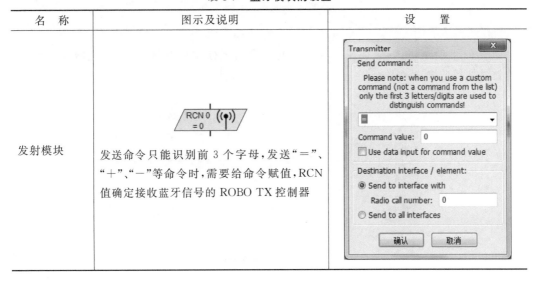

续表

<table>
<tr><th>名　称</th><th>图示及说明</th><th>设　　置</th></tr>
<tr><td>接收模块</td><td>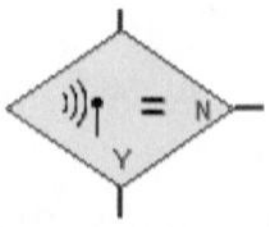
只接收蓝牙信号的命令名称，不接收命令值。“sent directly to this interface”(直接发送到这个接口)，排除其他干扰</td><td>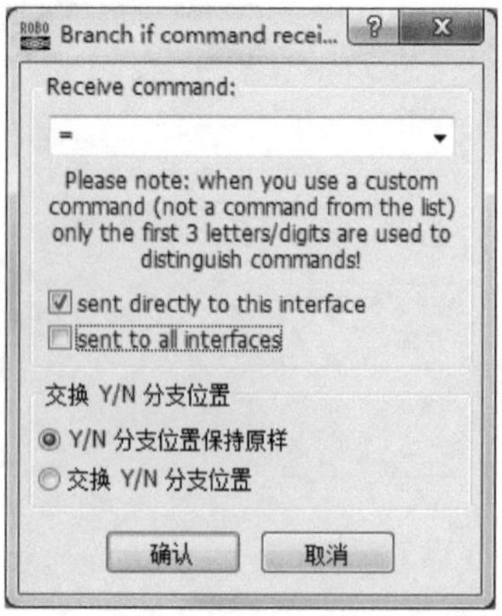</td></tr>
<tr><td>变量接收模块</td><td>
可接收蓝牙信号指令，并将其输出。若外部数据提供命令值，该模块相当于右图中指令，其中“文字”为自定义命令</td><td></td></tr>
</table>

如图 6-58 所示，可以分别在机器人 1 的程序结尾处添加发射命令，在机器人 2 程序开始处添加接收命令，图 6-58 中接收控制器的 RCN 为“0”。

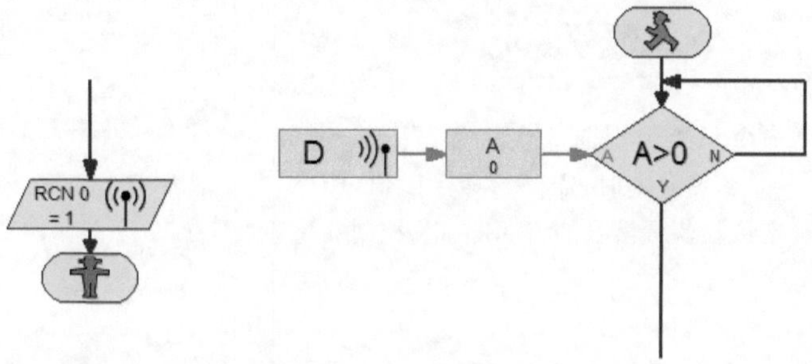

图 6-58　**发射接收模块**

7）停止

机器人进入终点后停住，下面提供 3 种机器人停止的方式。

(1) 丢黑线停止。机器人找不到黑线后，继续执行寻线前进程序，然后停止，如表 6-8 所示。

表 6-8　丢线停止程序

<table>
<tr><th>程　　序</th><th>图　　示</th></tr>
<tr><td>主程序</td><td>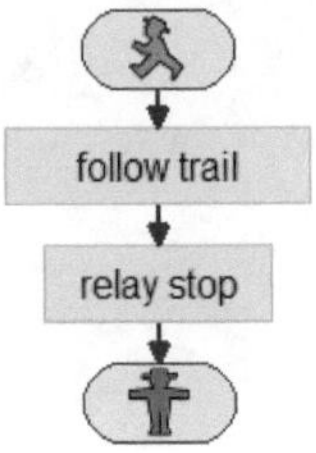
</td></tr>
<tr><td>寻迹
Follow trail</td><td>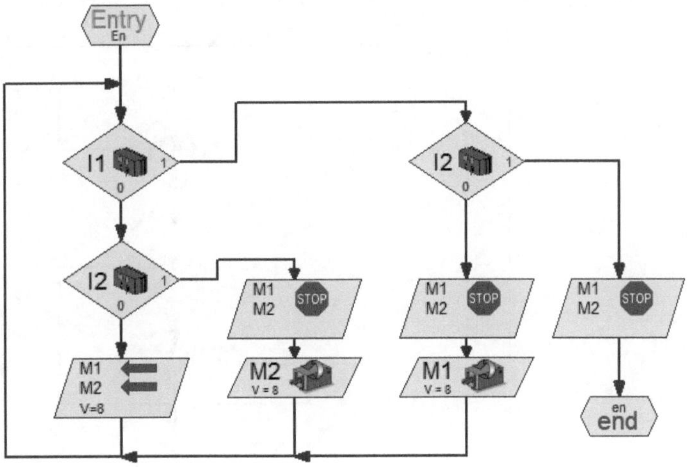
</td></tr>
<tr><td>停止
Relay stop</td><td>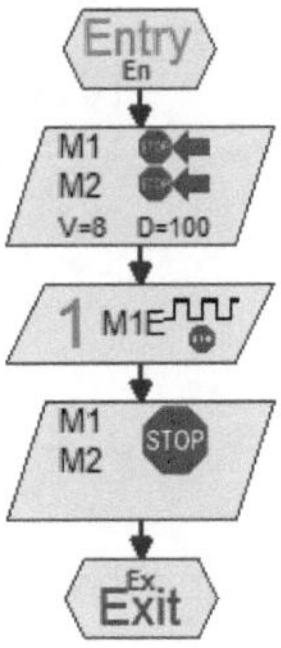
</td></tr>
</table>

(2) 多点检测到黑线停车。首先,机器人 2 至少需要两个轨迹传感器,当轨迹传感器检测到多个黑点后,表示到达终点,机器人 2 停止,如表 6-9 所示。

表 6-9　多点检测黑线停止程序

程　　序	图　　示
主程序	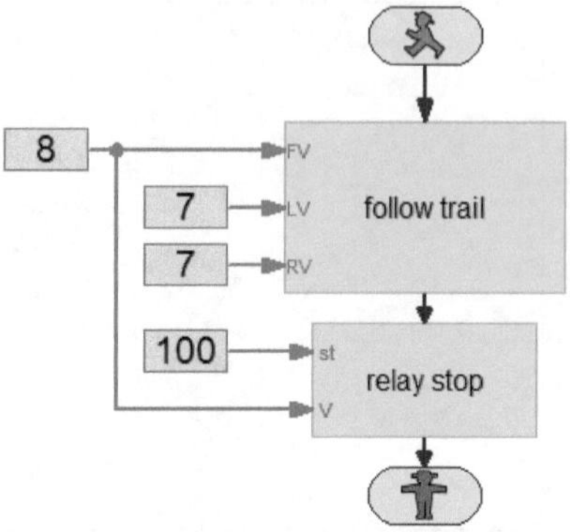
寻迹 Follow trail	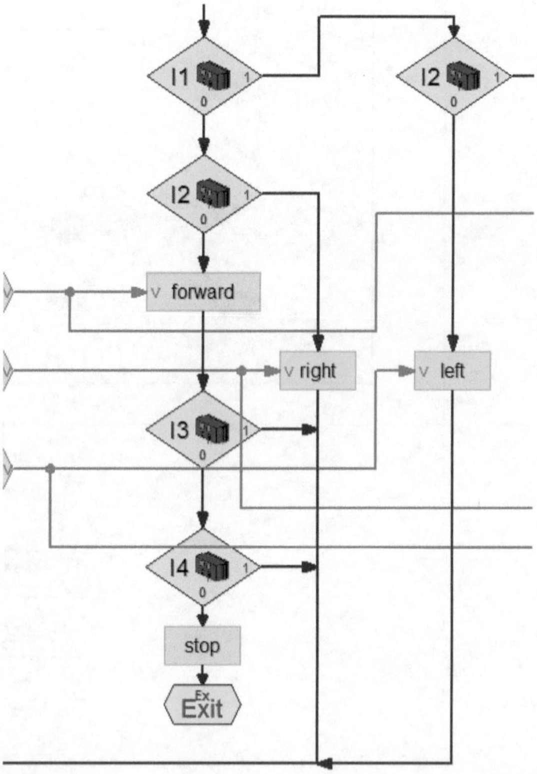

续表

程　　序	图　　示
停止 Relay stop	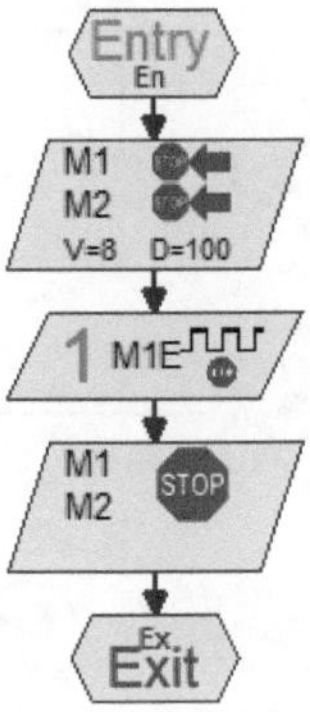

（3）颜色传感器检测到红色停止。与前两种方法相比，颜色传感器的适用性更强，但现场光线的影响较大，如表 6-10 所示。轨迹传感器完全丢线时，机器人才启用颜色传感器，红色区域返回颜色的数值为“1075-1175”。

表 6-10　**检测红色停止程序**

程　　序	图　　示
主程序	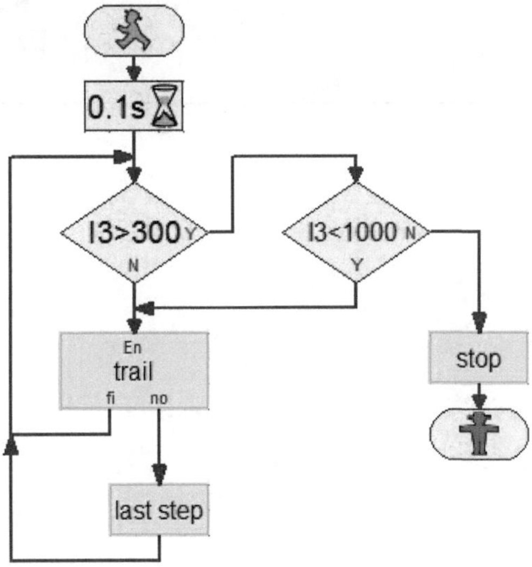

续表

<table>
<tr><th>程　序</th><th>图　示</th></tr>
<tr><td>寻迹
Follow trail</td><td>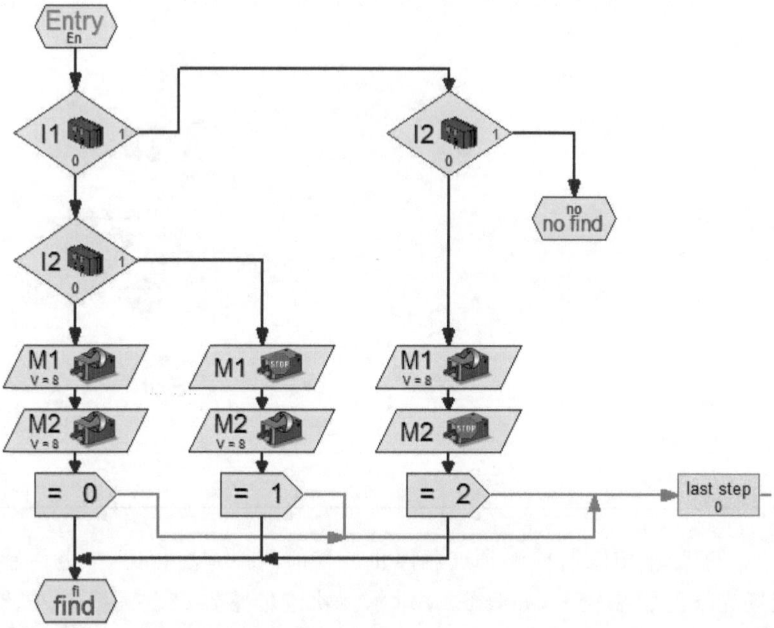
</td></tr>
<tr><td>停止
Relay stop</td><td>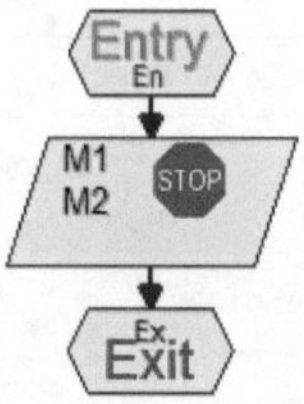
</td></tr>
</table>

附录 机器人搭建步骤图示

机器人设计没有统一的标准，同学们需要全面考虑机器人工作环境、动作要求和准确性等因素，最终设计并制作出具有一定功能的机器人，以下设计方法可作为参考。

1. 变速器模型

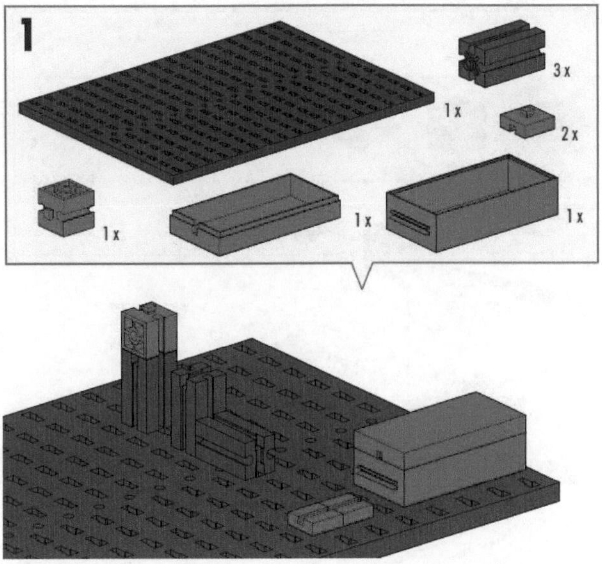

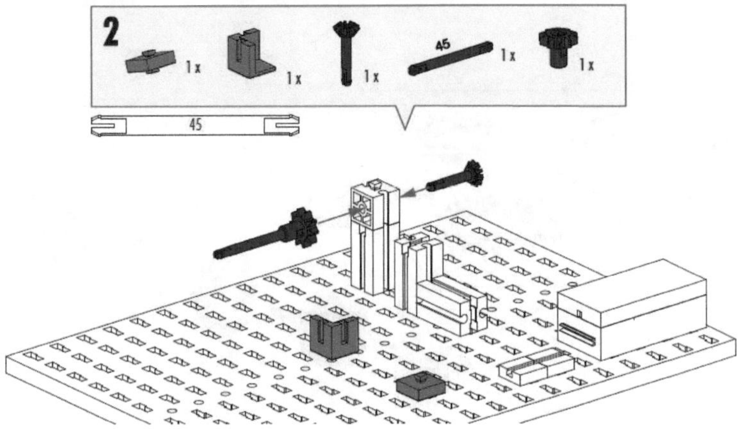

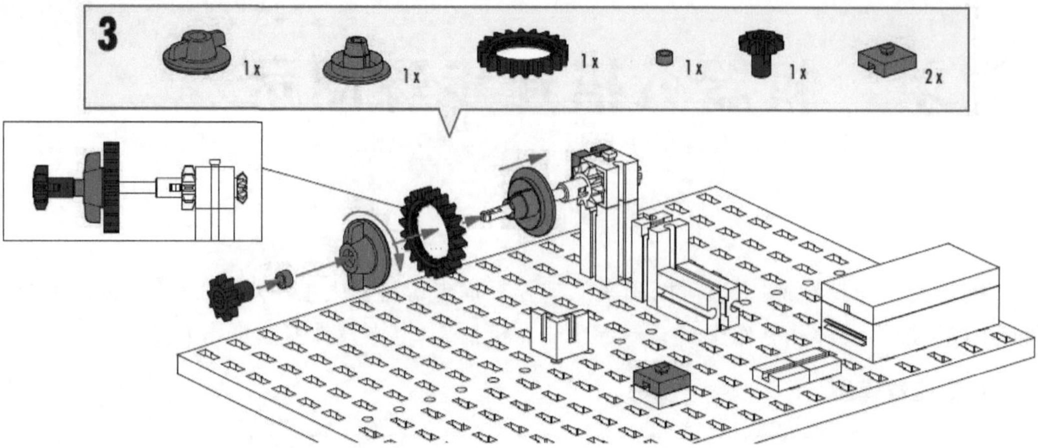
3
1x
1x
1x
1x
1x
2x

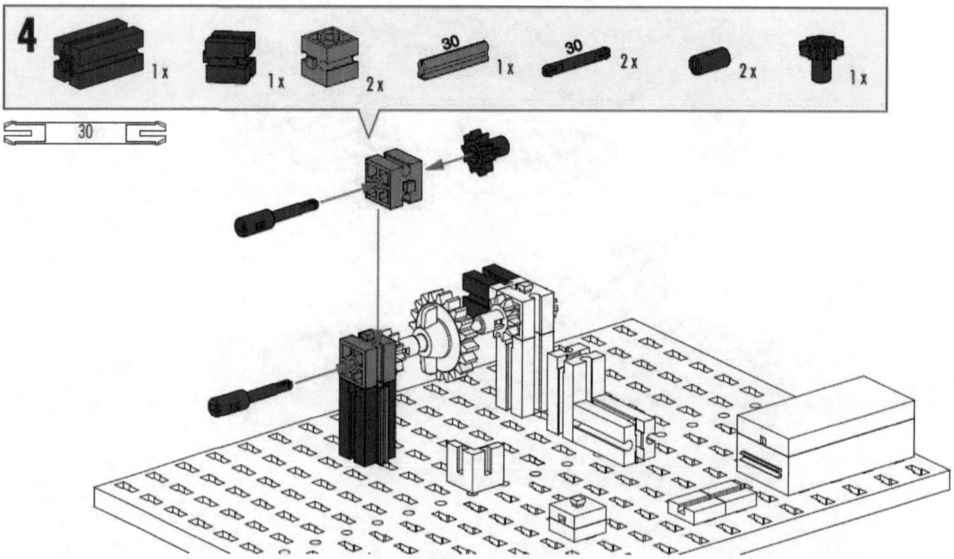
4
1x
1x
2x
30
1x
30
2x
2x
1x
30

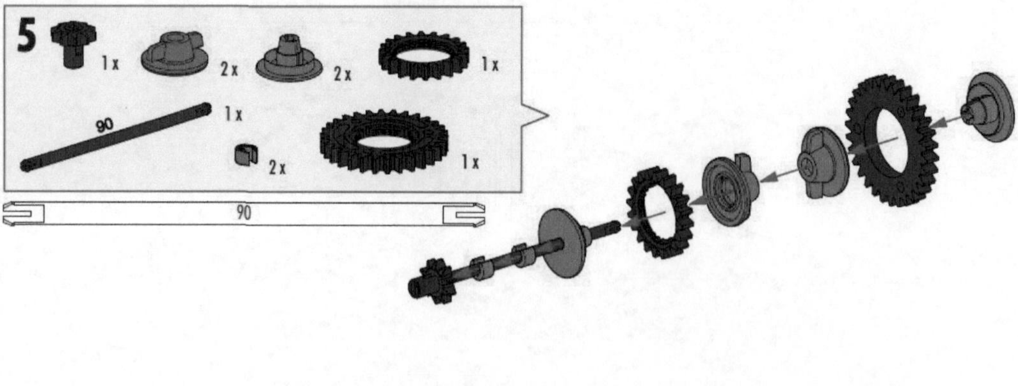
5
1x
2x
2x
1x
90
1x
2x
1x
90

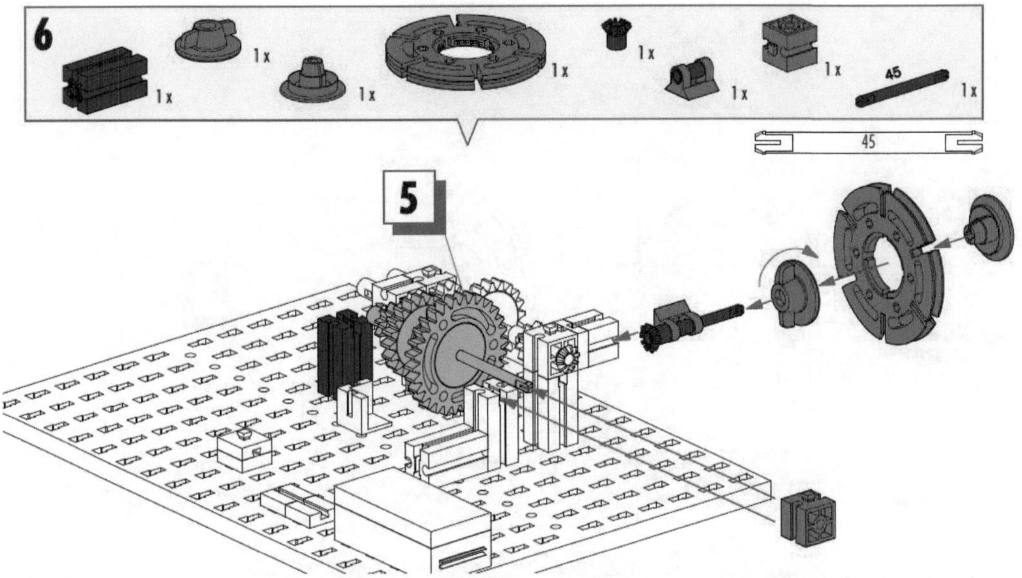
6
1x
1x
1x
1x
1x
1x
1x
45
1x
45
5

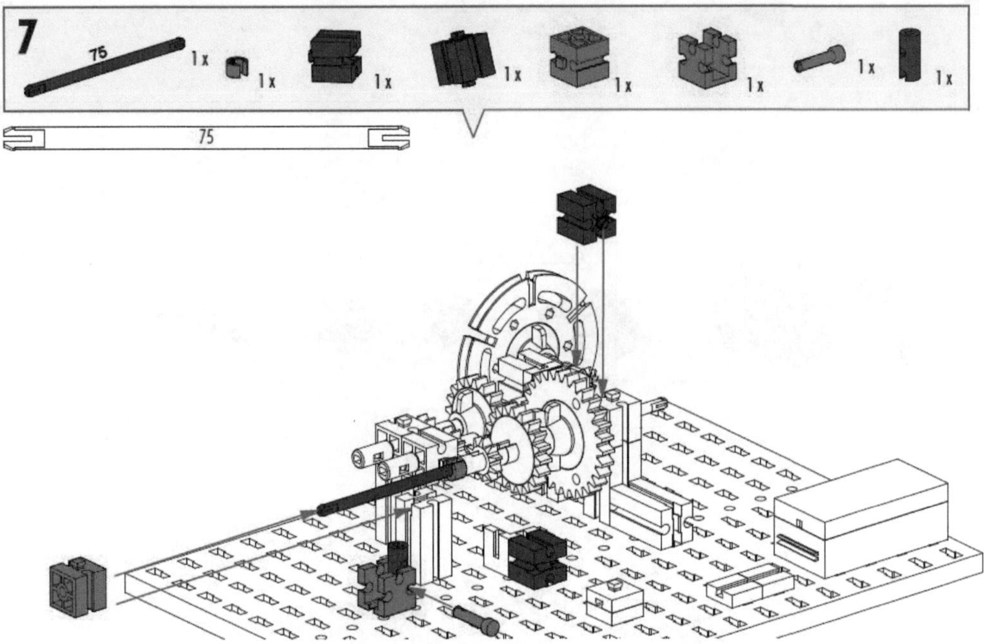
7
75
1x
1x
1x
1x
1x
1x
1x
1x
75

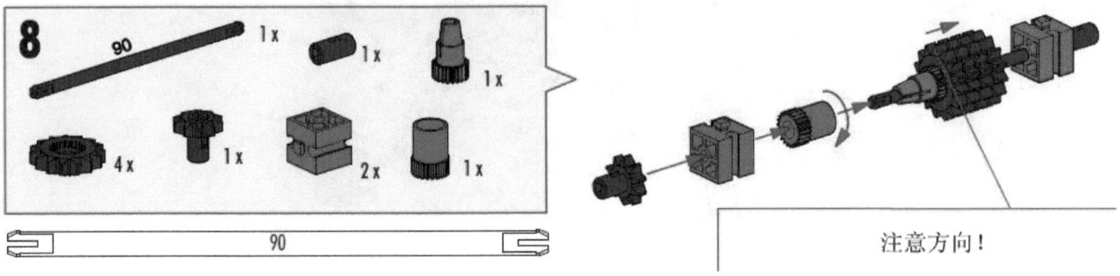
8
90
1x
1x
1x
4x
1x
2x
1x
90
注意方向！

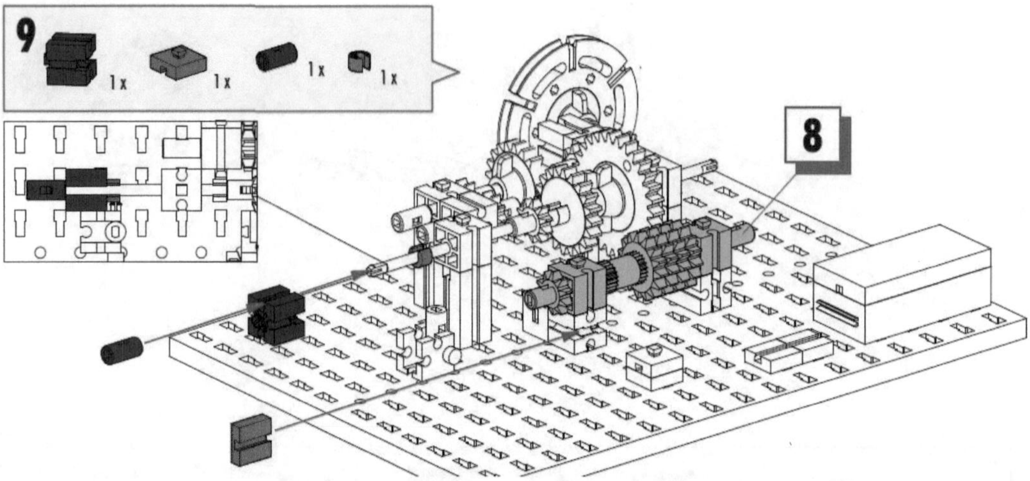
9
1x
1x
1x
1x
8

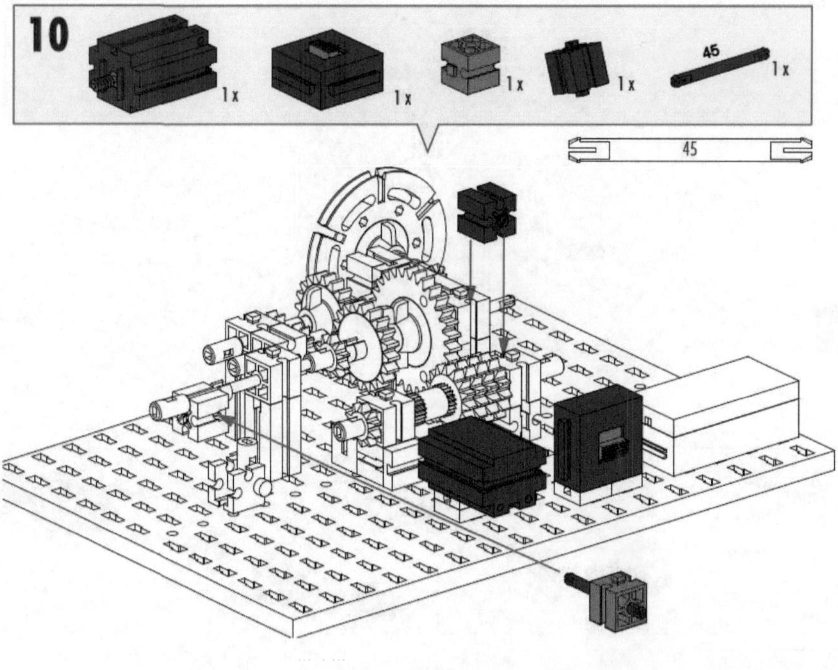
10
1x
1x
1x
1x
45
1x
45

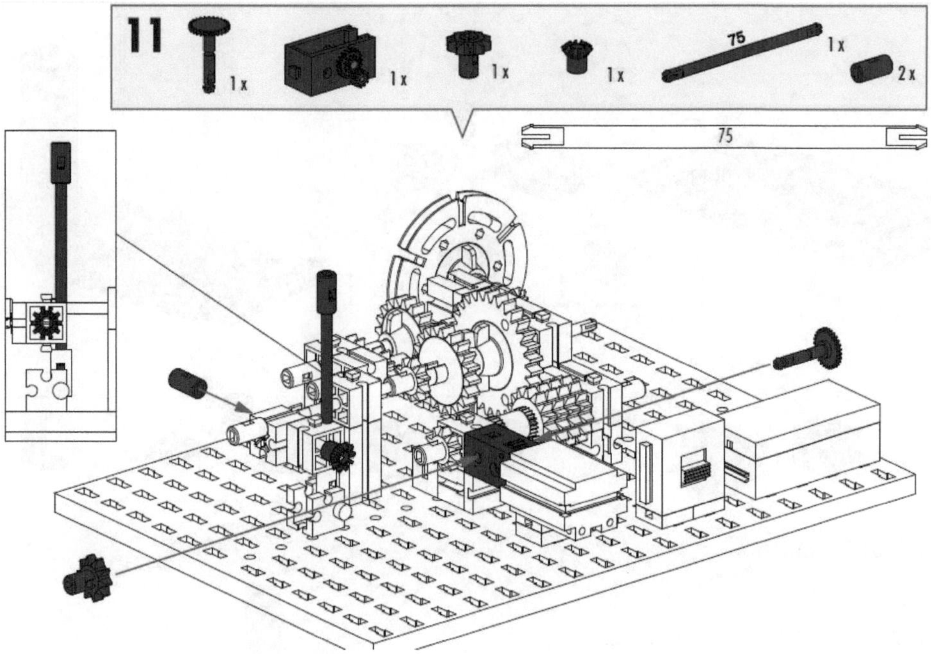
11
1x
1x
1x
1x
75
1x
2x
75

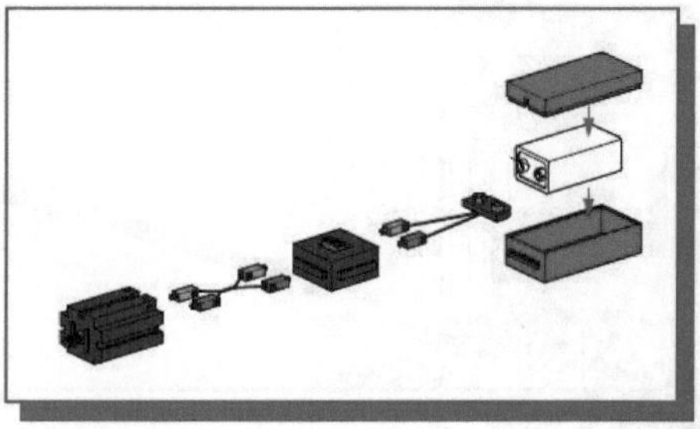

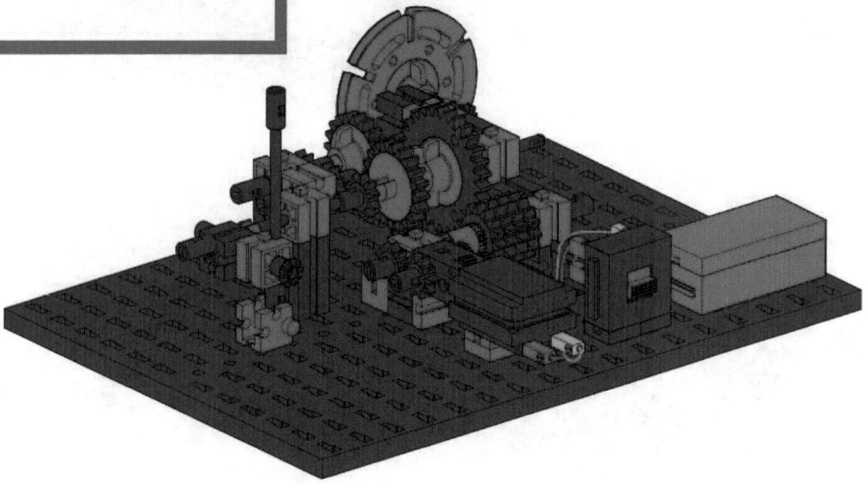

2. 行星齿轮模型

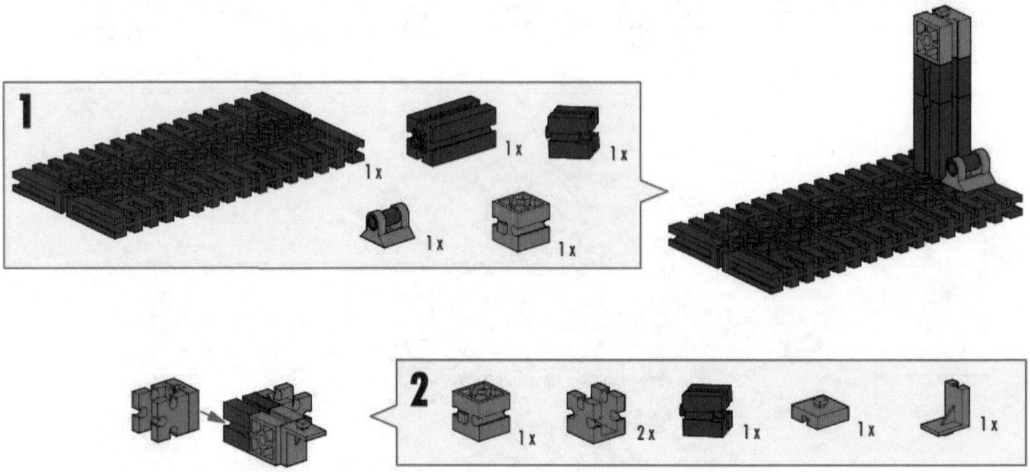
1
1x
1x
1x
1x
1x
2
1x
2x
1x
1x
1x

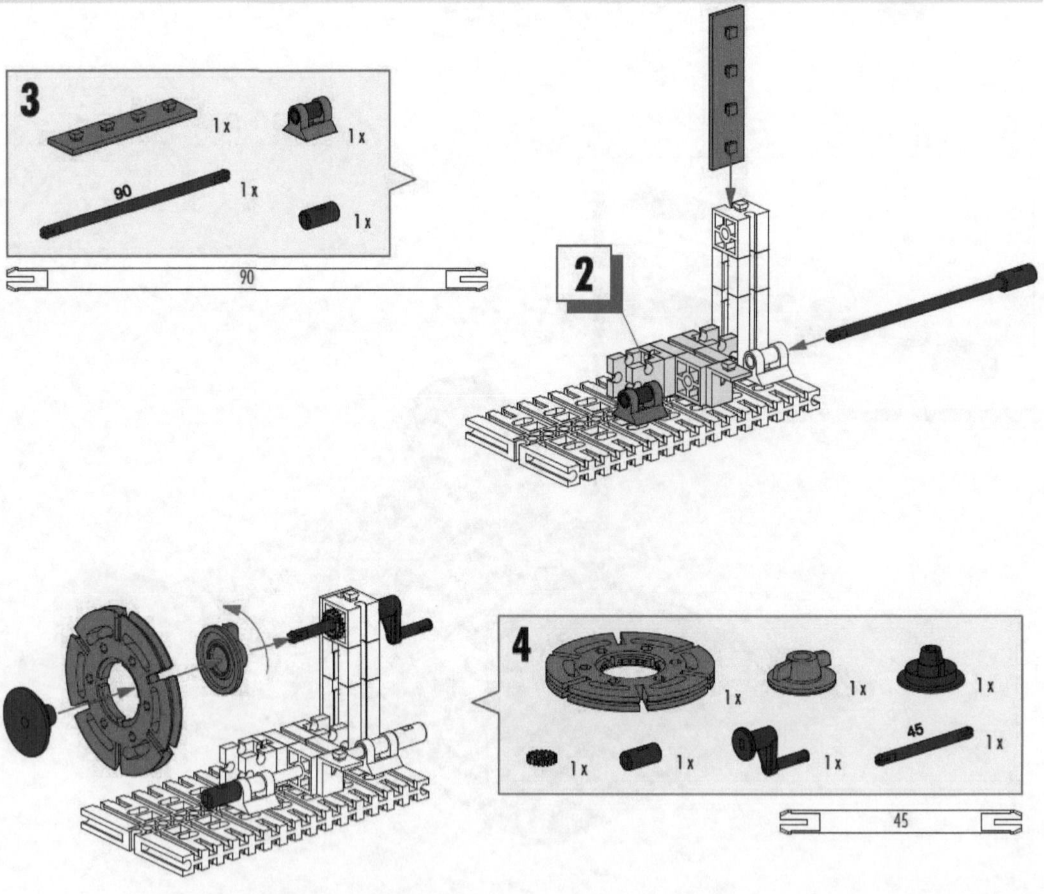
3
1x
1x
90
1x
1x
90
2
4
1x
1x
1x
1x
1x
1x
45
1x
45

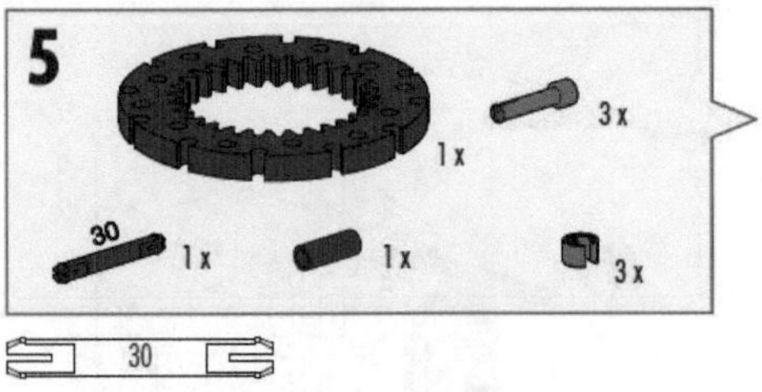
5
3 x
1 x
30
1 x
1 x
3 x
30

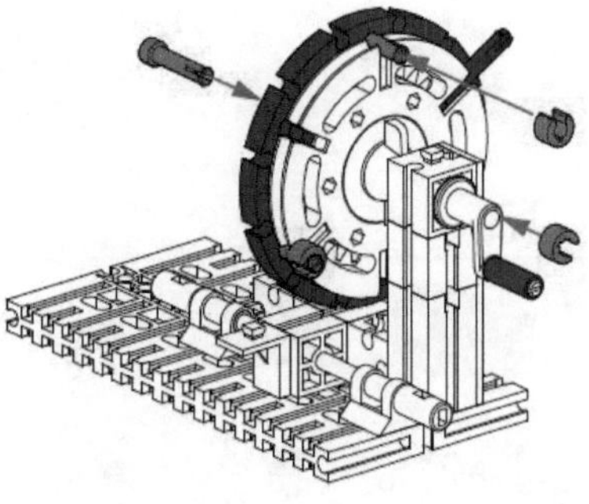

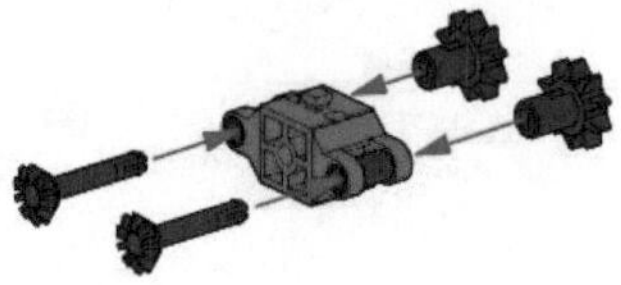

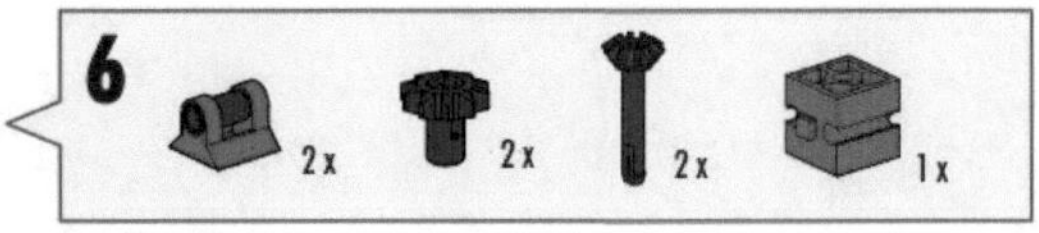
6
2 x
2 x
2 x
1 x

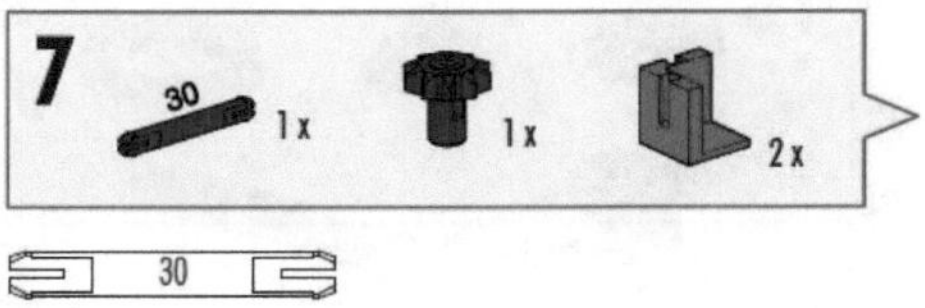
7
30
1 x
1 x
2 x
30

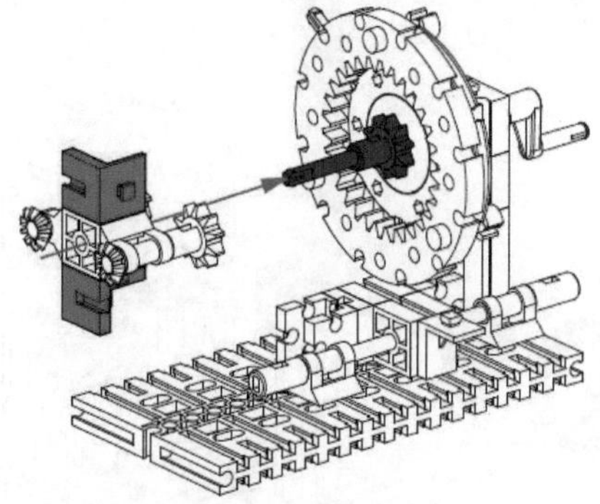

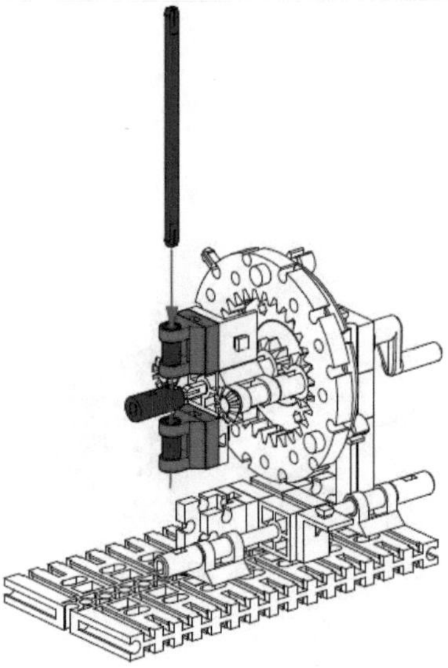

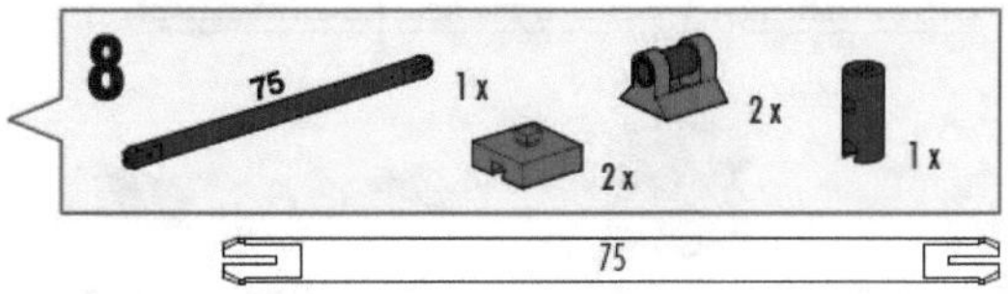
8
75
1 x
2 x
2 x
1 x
75

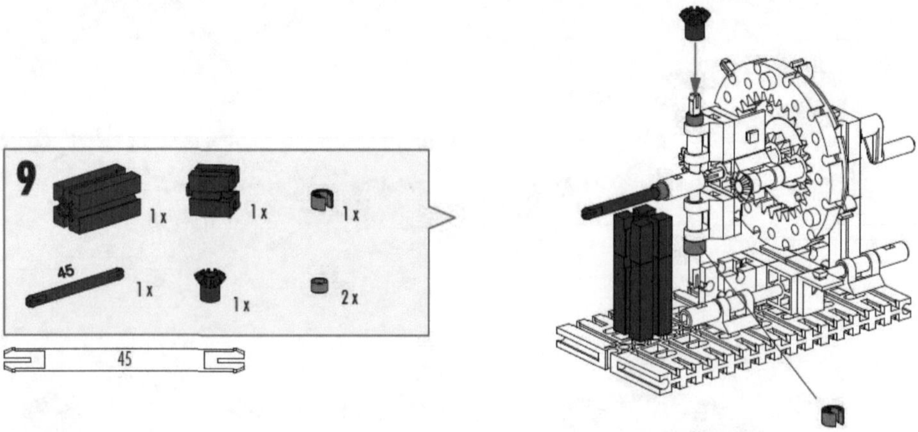

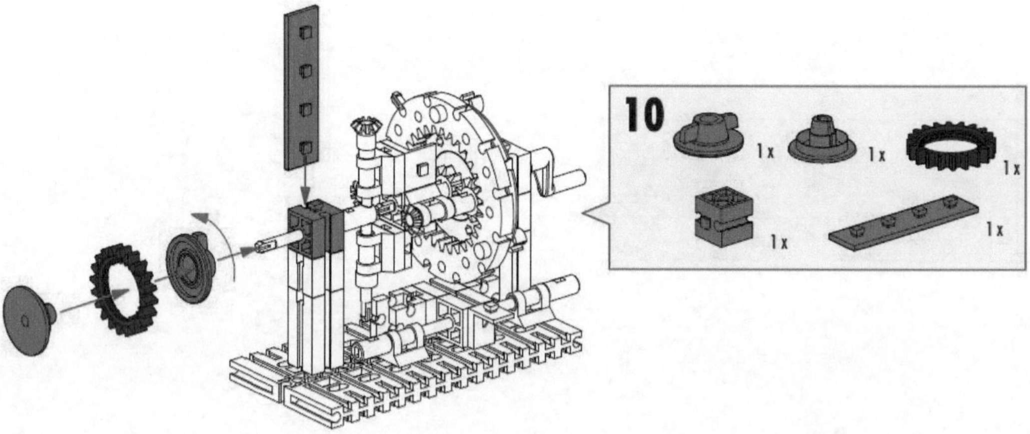

3 轮式机器人

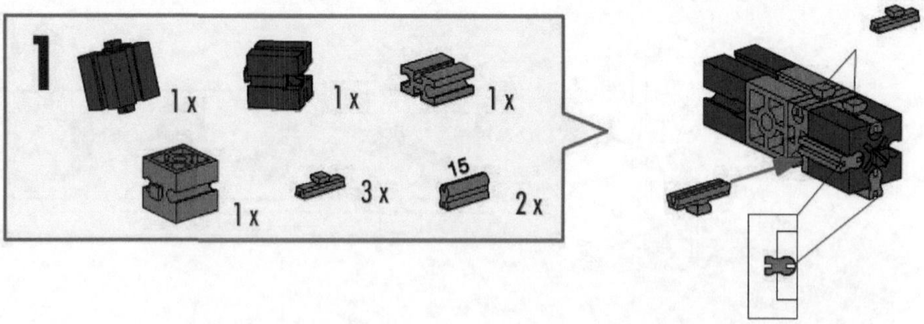

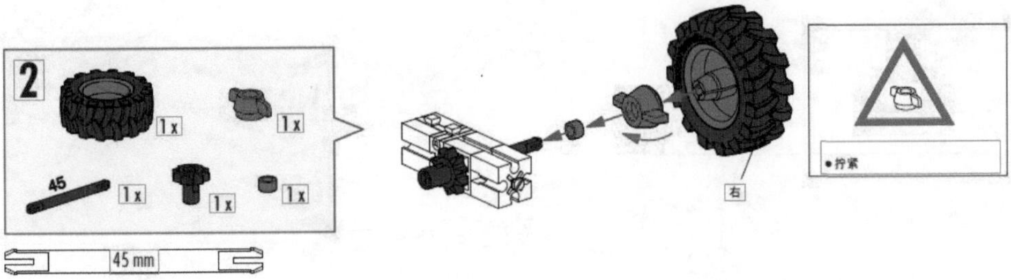
2
1x
1x
45
1x
1x
1x
45 mm
右
●拧紧

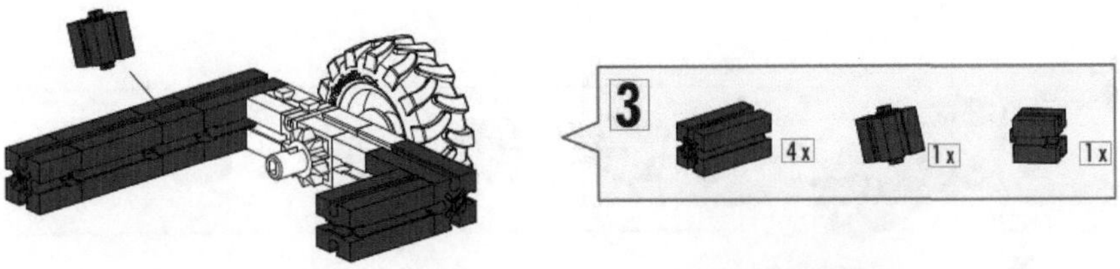
3
4x
1x
1x

4
2x
2x
4x
2 x

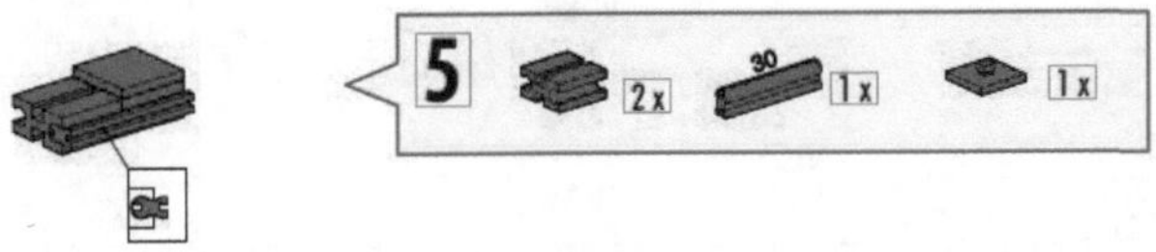
5
2x
30
1x
1x

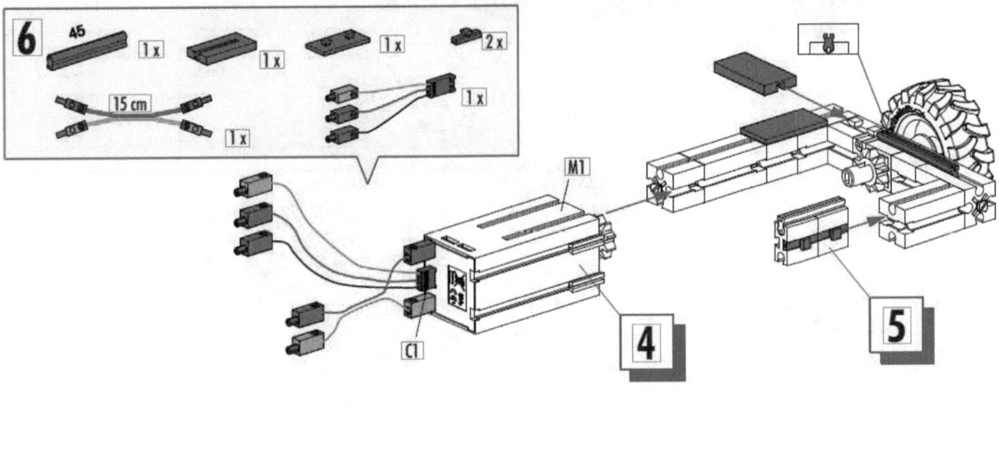
6
45
1x
1x
1x
2x
15 cm
1x
1x
M1
C1
4
5

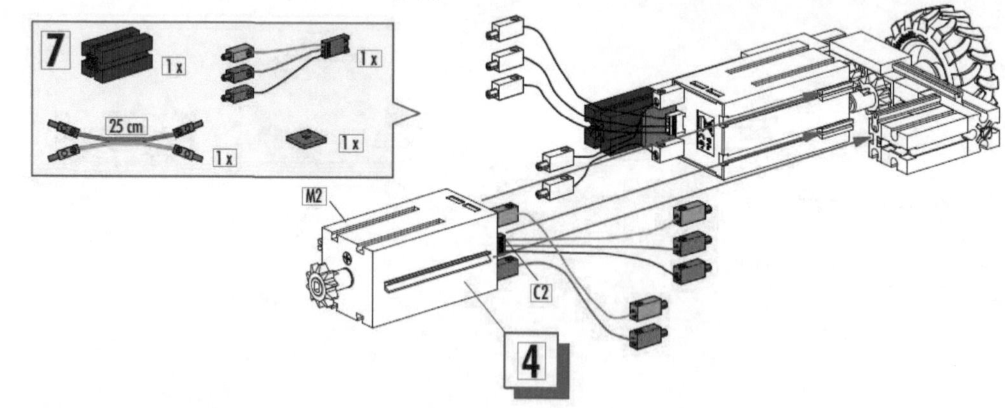
7
1x
1x
25 cm
1x
1x
M2
C2
4

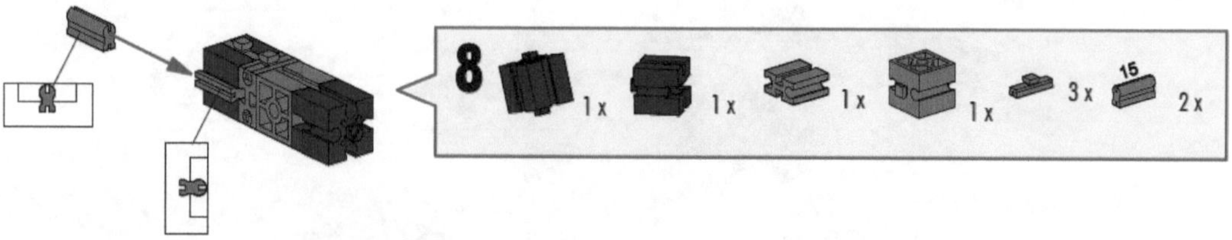
8
1x
1x
1x
1x
3x
15
2x

9
1x
1x
1x
45
1x
1x
45mm
左
●拧紧

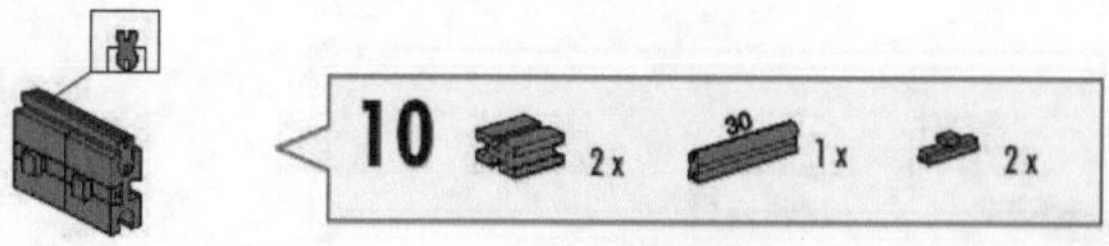
10
2x
30
1x
2x

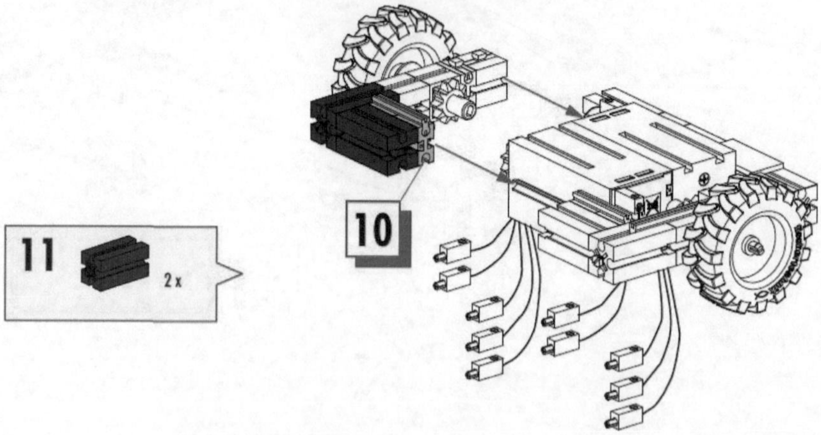
11
2x
10

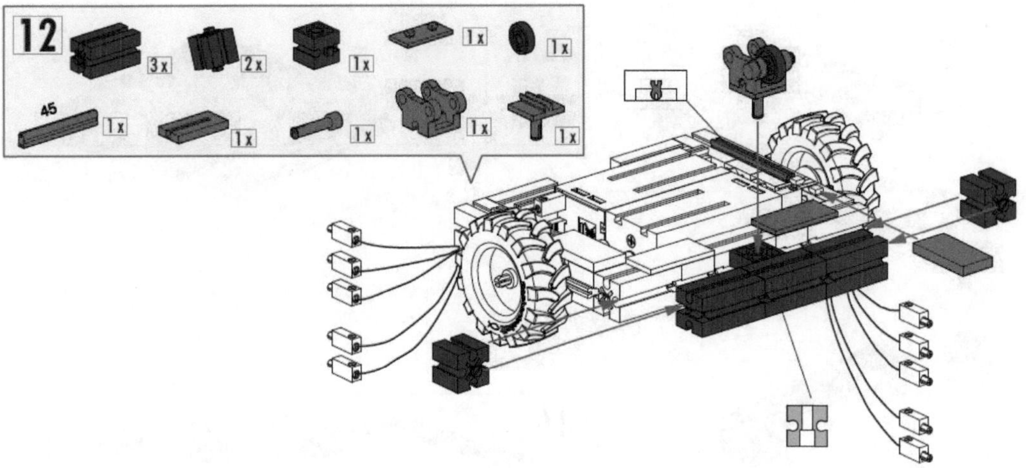
12
3x
2x
1x
1x
1x
45
1x
1x
1x
1x
1x

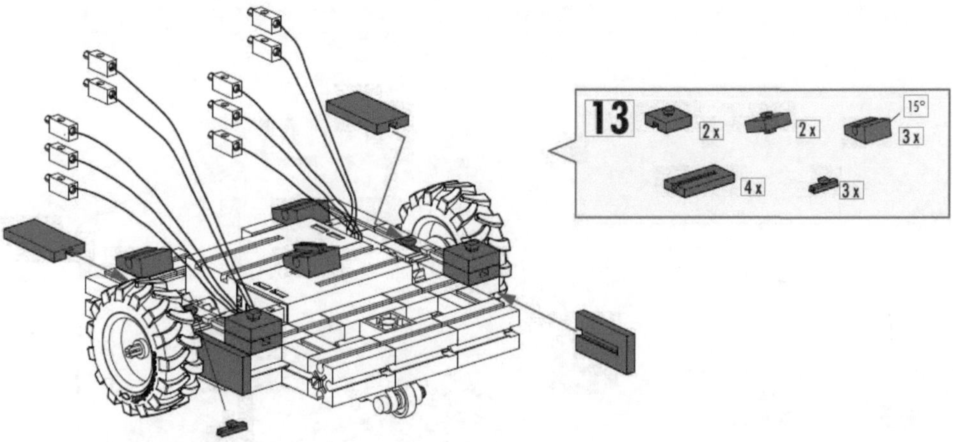
13
2x
2x
15°
3x
4x
3x

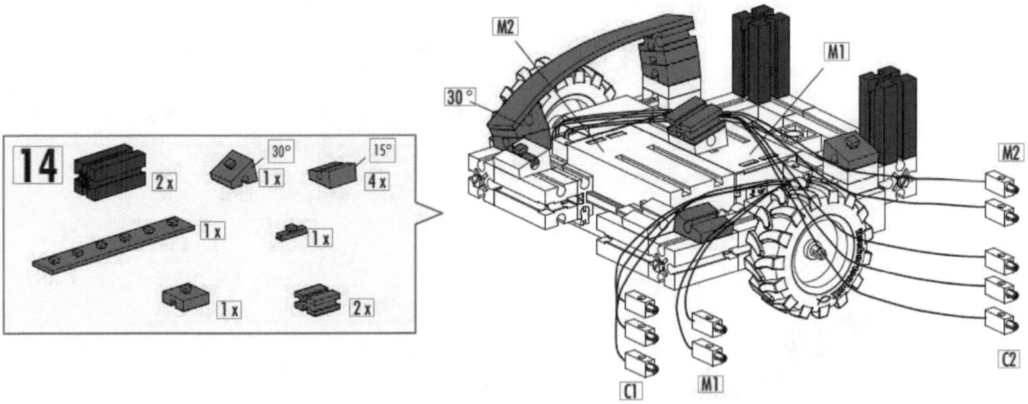
14
2x
30°
1x
15°
4x
1x
1x
1x
2x
M2
30°
M1
M2
C2
C1
M1

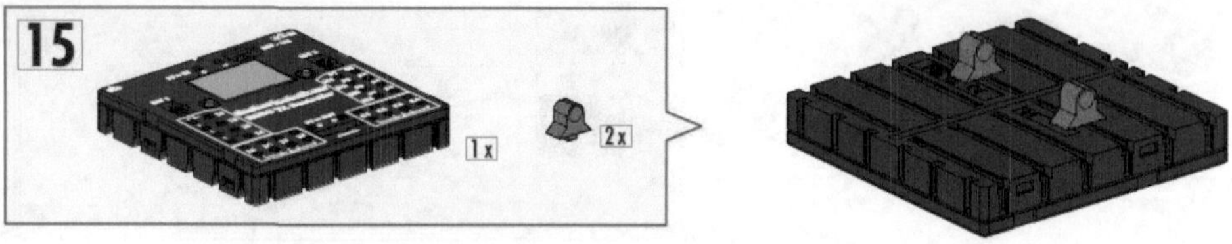
15
1x
2x

16
2x
30°
2x
2x
2x

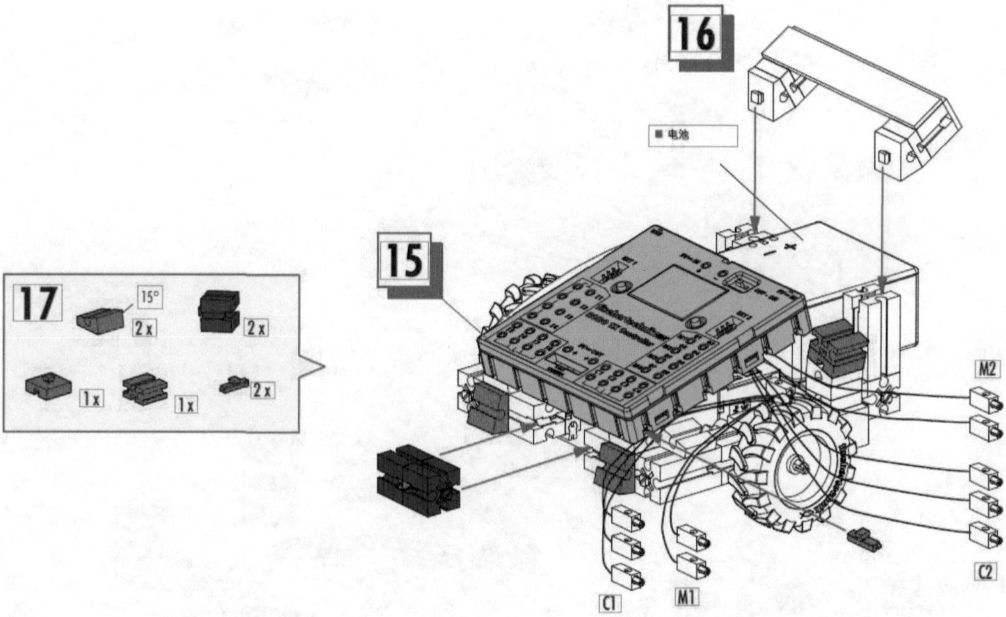
16
电池
15
17
15°
2x
2x
1x
1x
2x
M2
C2
C1
M1

18
2x
1x

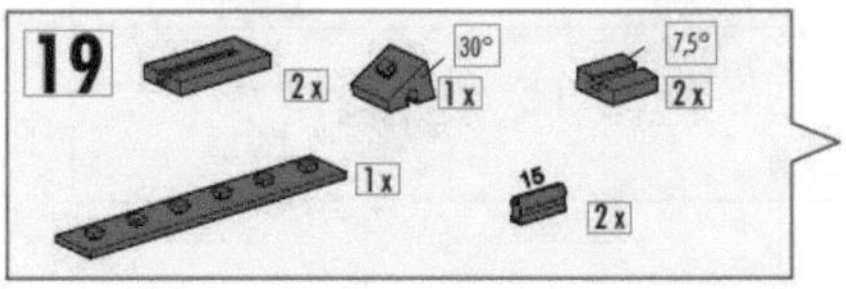
19
2x
30°
1x
7,5°
2x
1x
15
2x

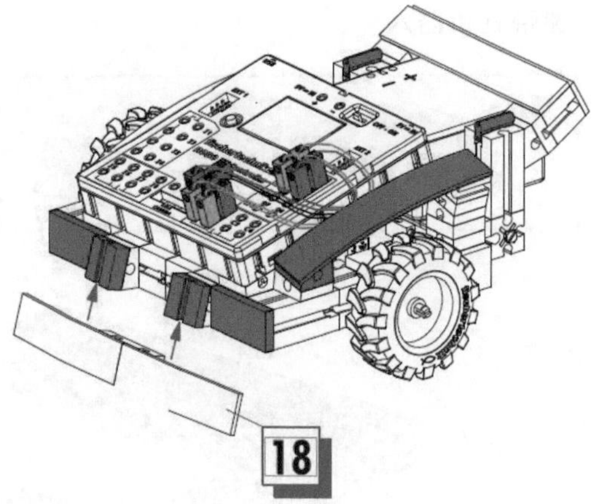
18

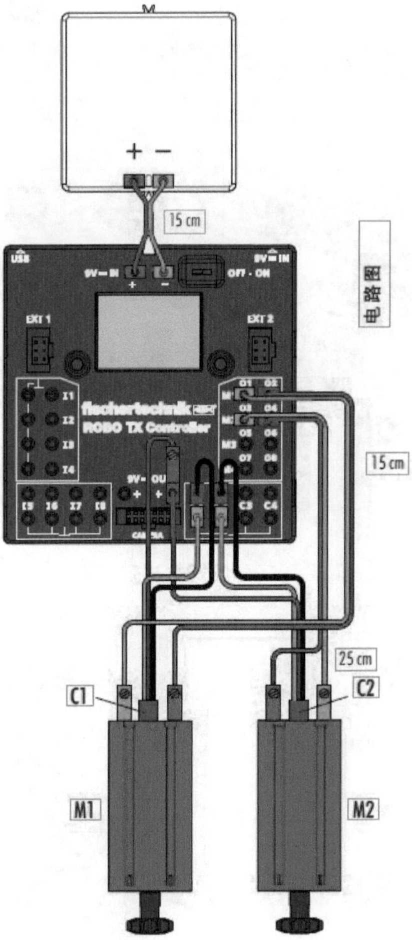
+ −
15 cm
USB
9V IN
OFF · ON
EXT 1
EXT 2
fischertechnik
ROBO TX Controller
15 cm
25 cm
C1
C2
M1
M2
电路图

4. 履带式机器人

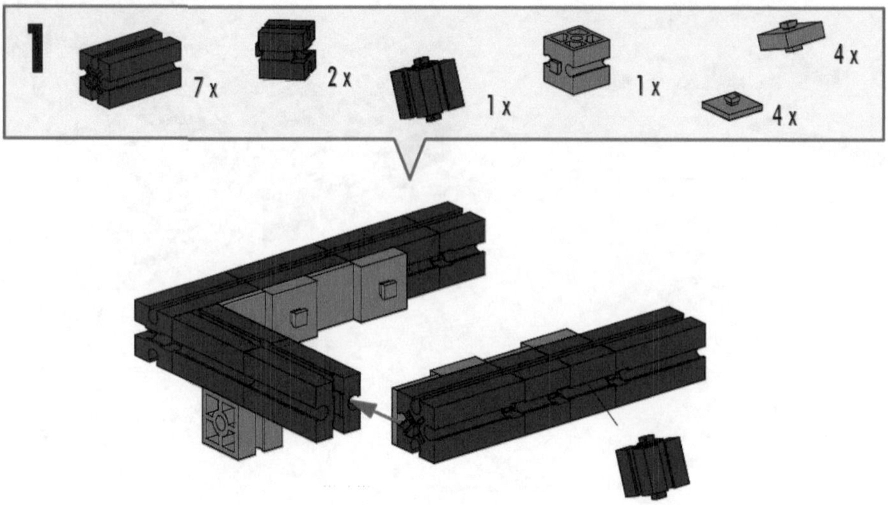
1
7x
2x
1x
1x
4x
4x

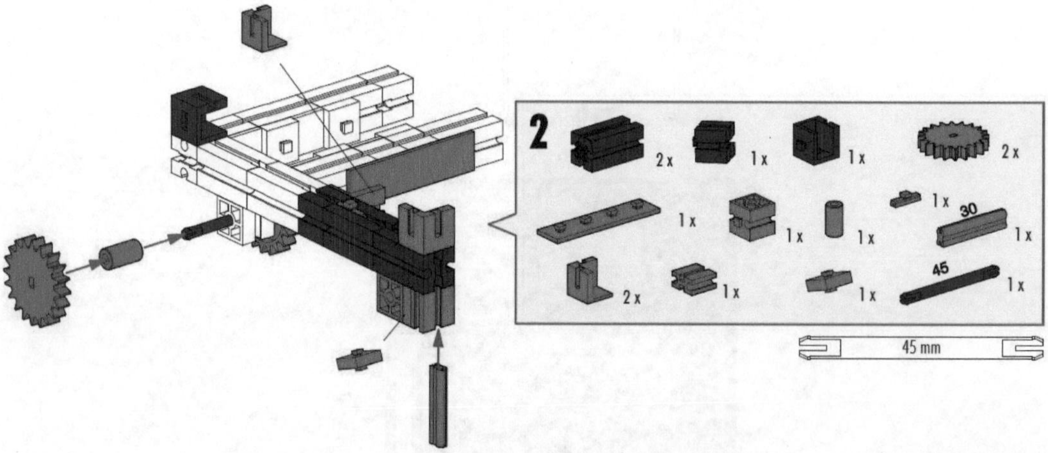
2
2x
1x
1x
2x
1x
1x
1x
1x
30
1x
2x
1x
1x
45
1x
45 mm

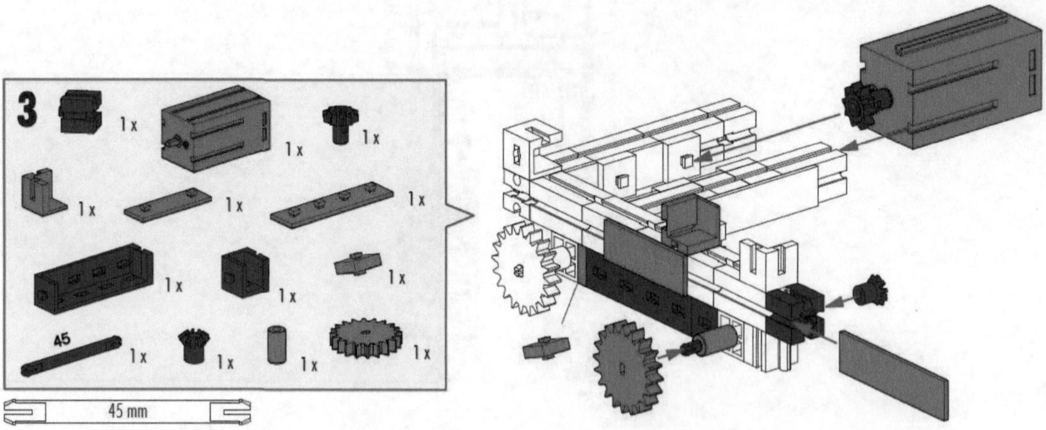
3
1x
1x
1x
1x
1x
1x
1x
1x
1x
45
1x
1x
1x
1x
45 mm

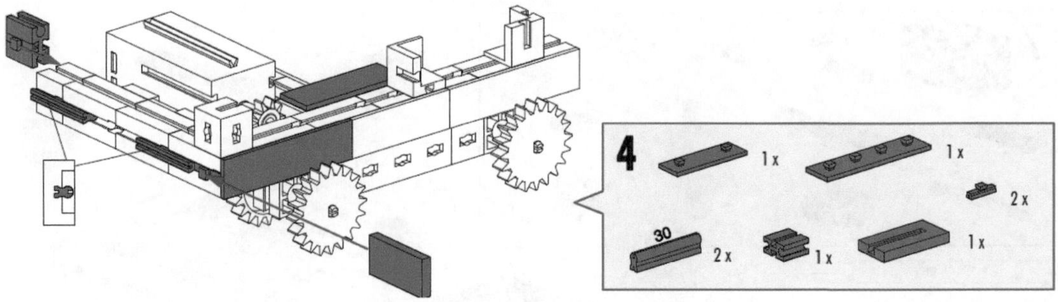
4
1x
1x
2x
30
2x
1x
1x

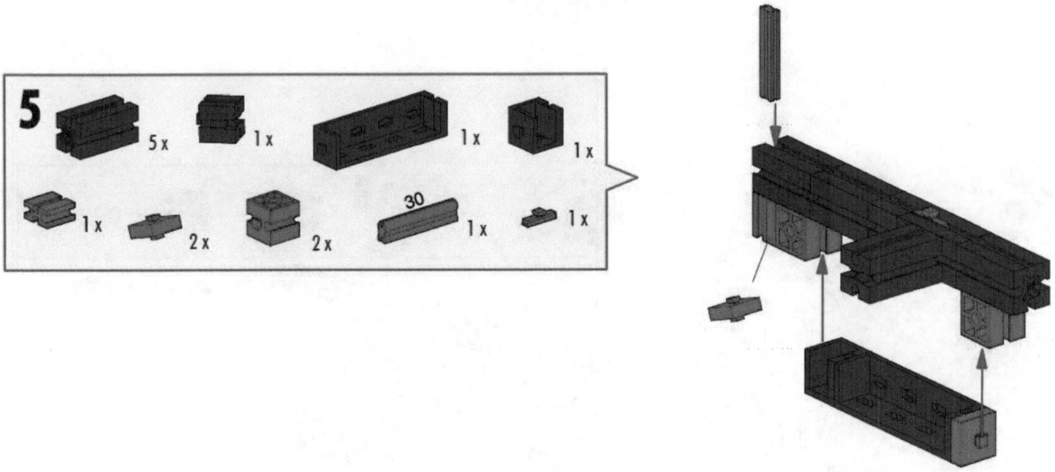
5
5x
1x
1x
1x
1x
2x
2x
30
1x
1x

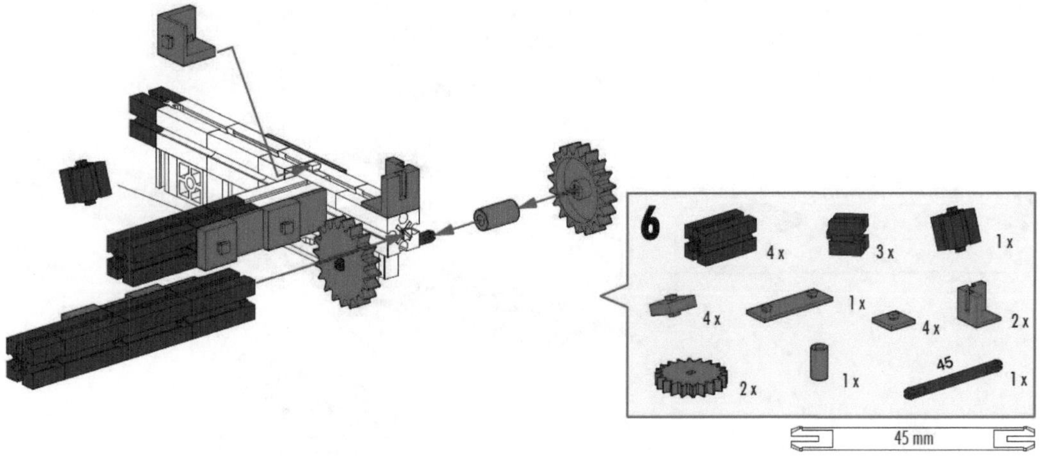
6
4x
3x
1x
4x
1x
4x
2x
2x
1x
45
1x
45 mm

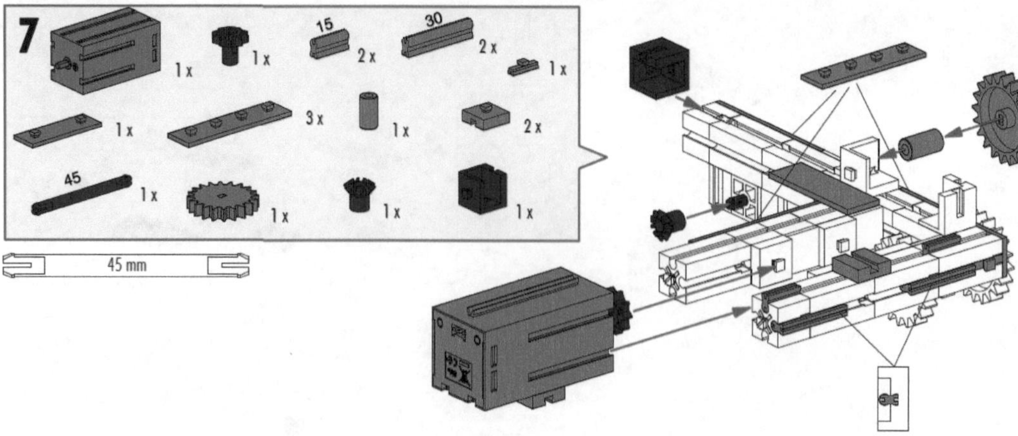
7
1 x
1 x
15
2 x
30
2 x
1 x
1 x
3 x
1 x
2 x
45
1 x
1 x
1 x
1 x
45 mm

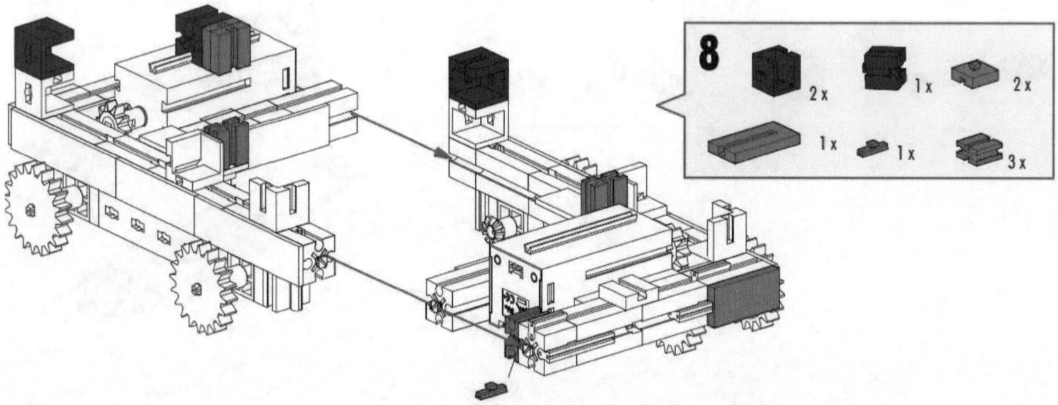
8
2 x
1 x
2 x
1 x
1 x
3 x

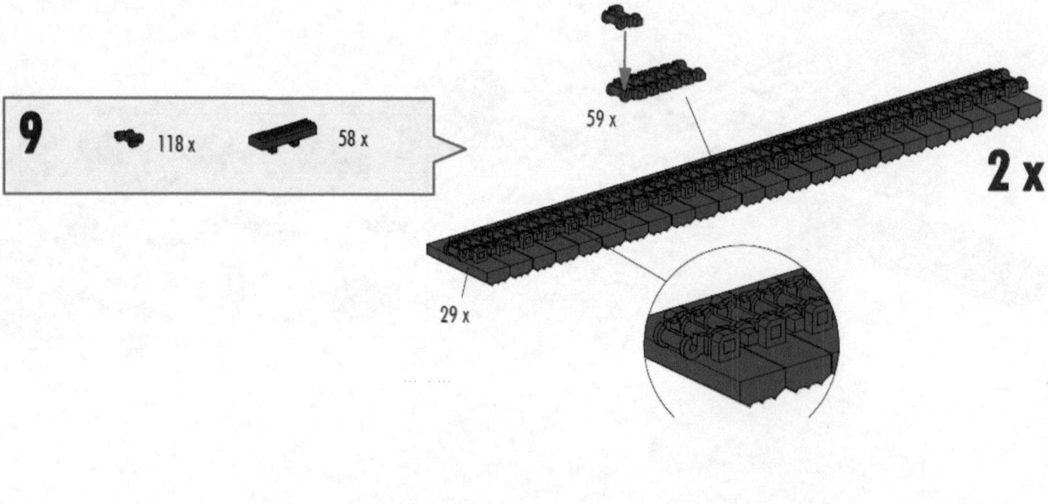
9
118 x
58 x
59 x
2 x
29 x

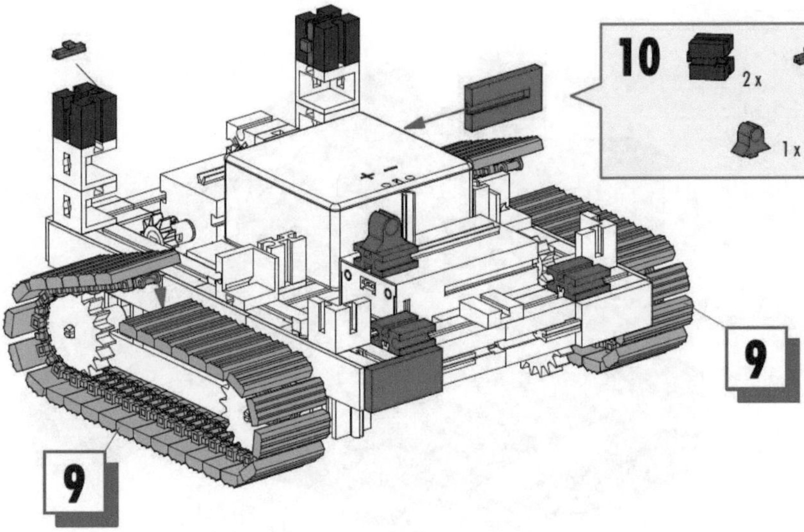
9
9

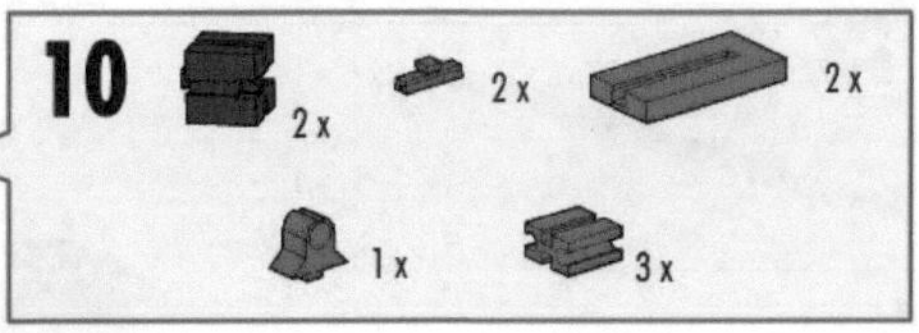
10
2 x
2 x
2 x
1 x
3 x

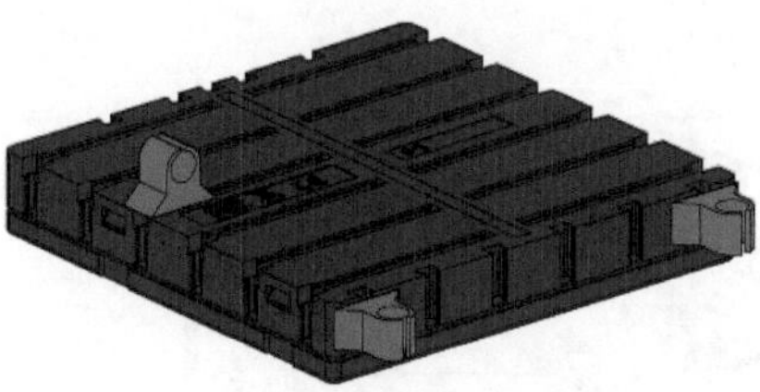

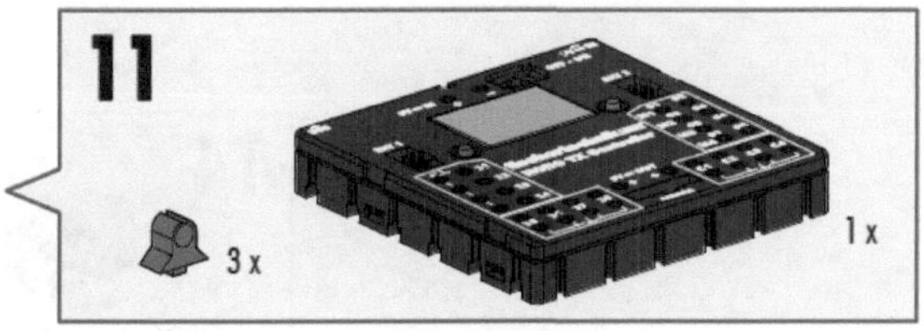
11
3 x
1 x

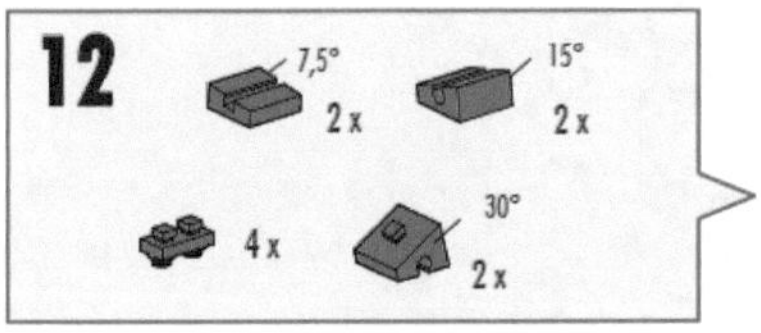
12
7,5°
2 x
15°
2 x
4 x
30°
2 x

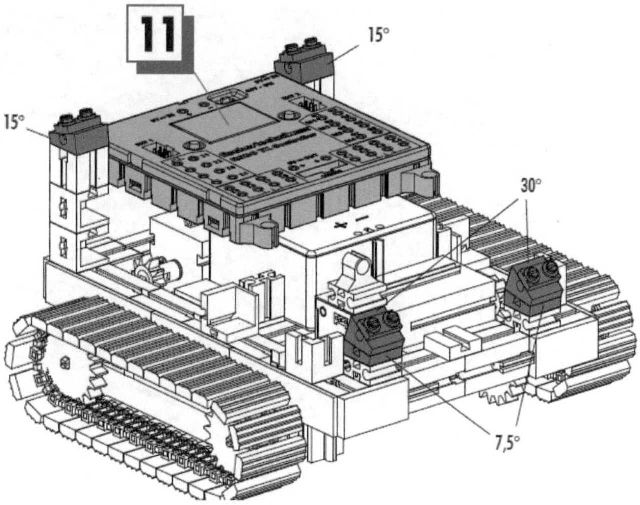
11
15°
15°
30°
7,5°

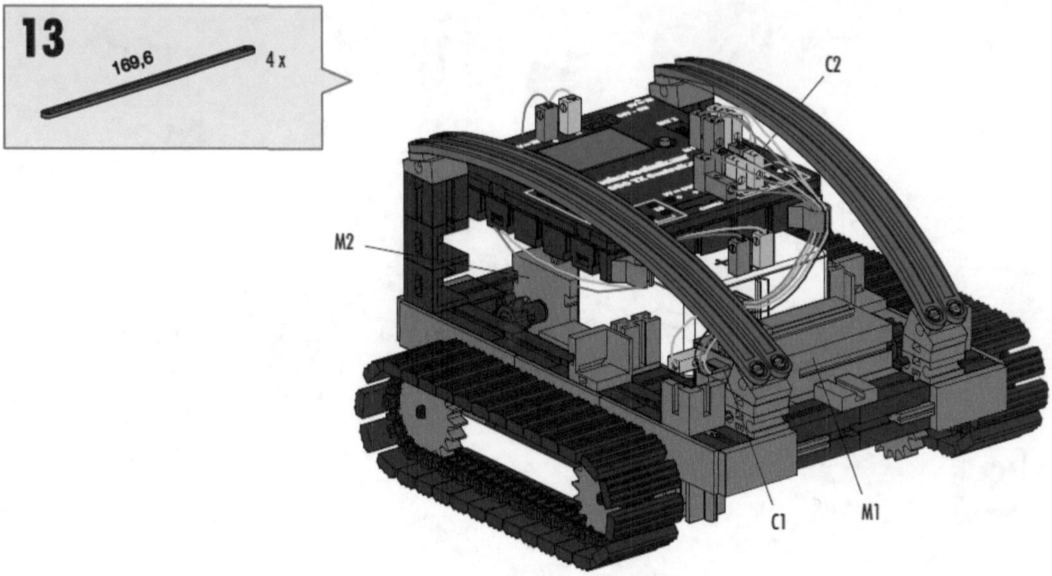
13
169,6
4 x
C2
M2
C1
M1

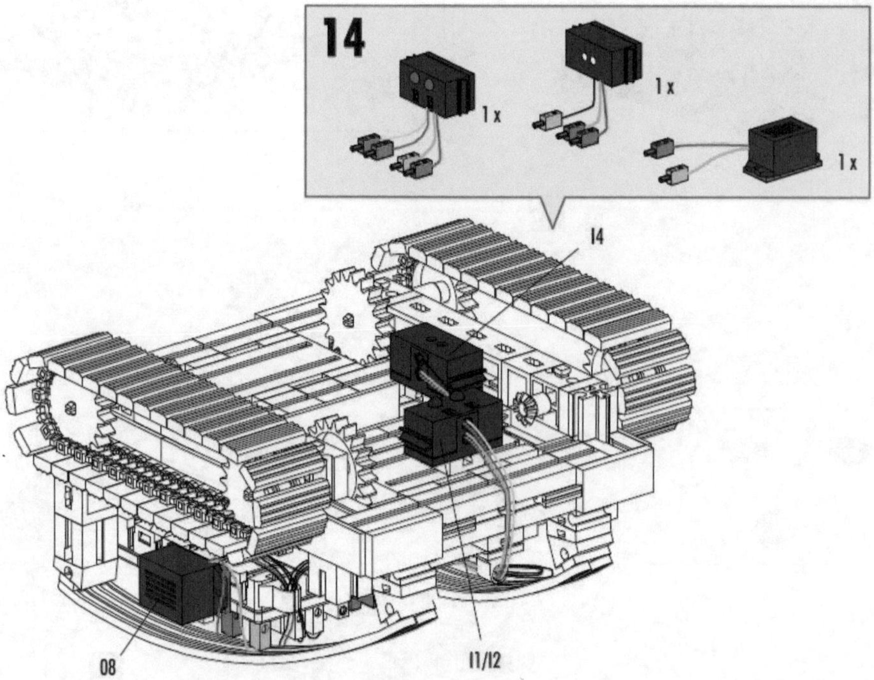
14
1 x
1 x
1 x
I4
O8
I1/I2

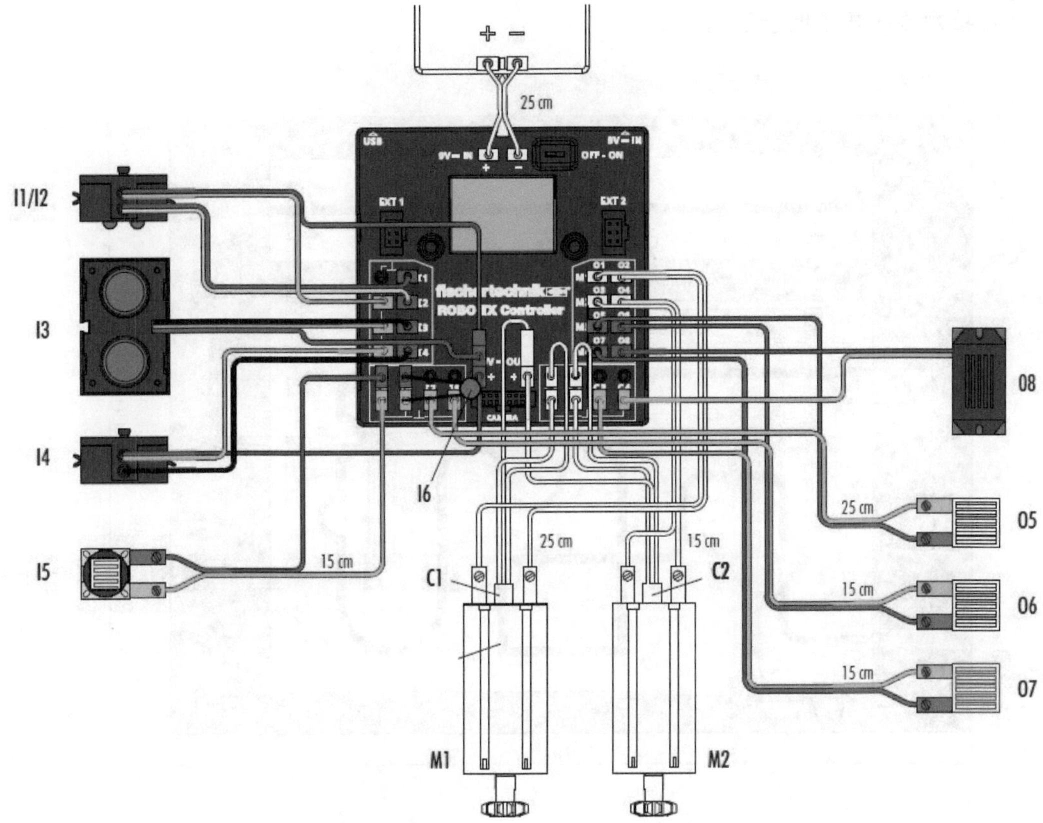

5. 机器人大力士比赛场地示意图

机器人大力士争霸赛比赛场地　单位：mm

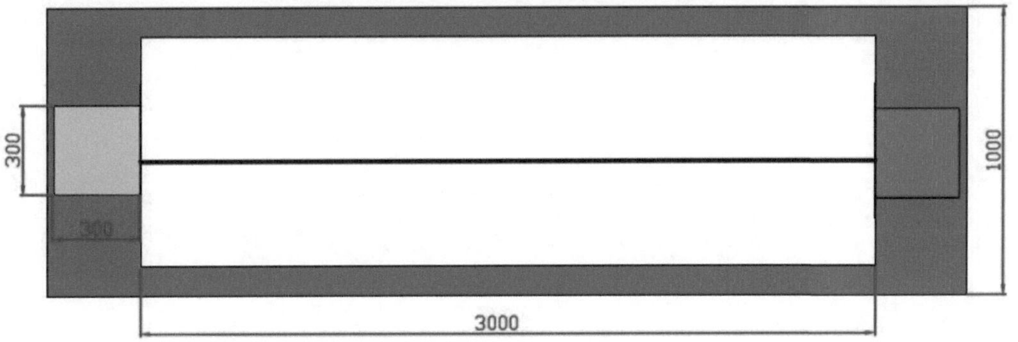

6. 接力赛比赛场地示意图

机器人越野接力赛比赛场地　单位：mm

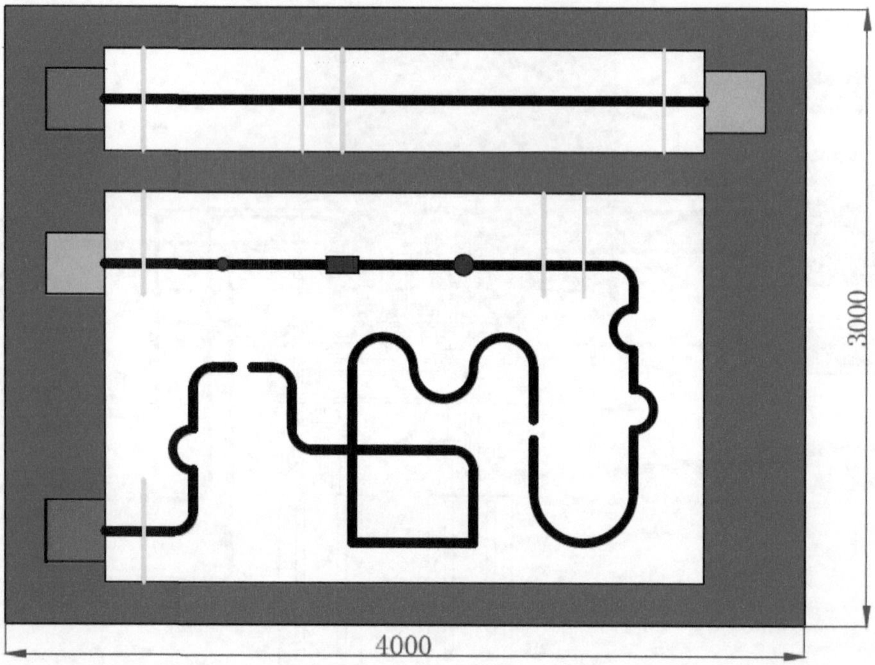

参考文献

[1] 申永胜. 机械原理教程[M]. 北京：清华大学出版社,2005.

[2] 郑剑春. 机器人结构与程序设计[M]. 北京：清华大学出版社,2010.

[3] 强建国. 机械原理创新设计[M]. 武汉：华中科技大学出版社,2008.

[4] 新华网. http://www. xinhuanet. com.

[5] 环球网. http://www. huanqiu. com.

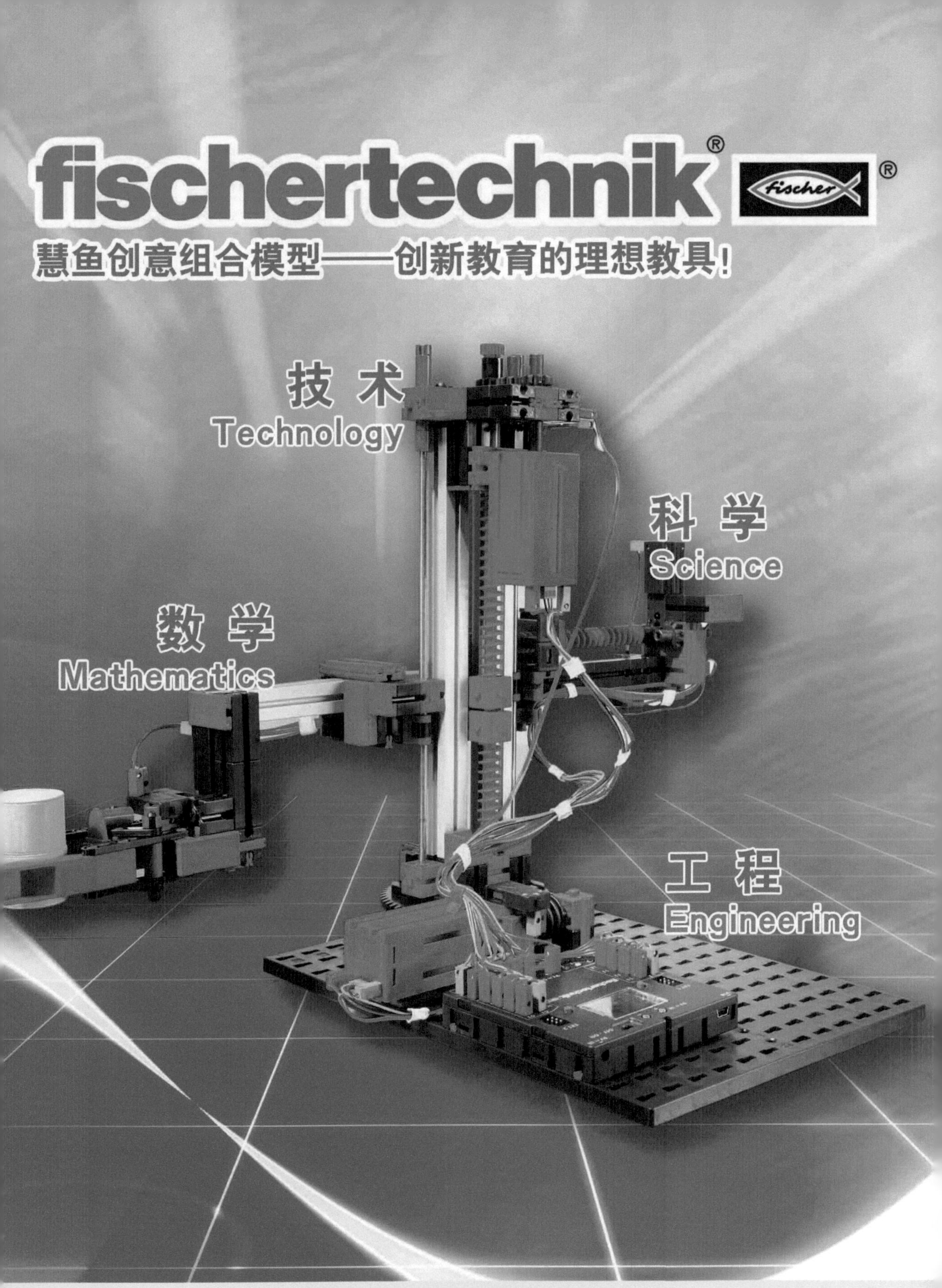
fischertechnik®
fischer®
慧鱼创意组合模型——创新教育的理想教具!
技 术
Technology
科 学
Science
数 学
Mathematics
工 程
Engineering